国家自然科学基金面上项目"西北地区农户现代灌溉技术采用研究：
社会网络、学习效应与采用效率"（71473197）

国家自然科学基金面上项目"集体行动对农户水土保持关联技术采用行为影响机制研究
——以黄土高原区为例"（71673223）

清华大学农村研究博士论文奖学金（201620）

中国「三农」问题前沿丛书

社会网络与
农业技术推广

以农户节水灌溉技术采用为例

乔丹　陆迁　著

Social Networks and
Agricultural Technology Extension:

Taking Farmers' Adoption of Water-Saving
Irrigation Technology as an Example

社会科学文献出版社
SOCIAL SCIENCES ACADEMIC PRESS (CHINA)

目　录

CONTENTS

第一章

导论

一　研究背景

（一）目前我国节水灌溉技术采用较为缓慢

水是一切生命生存与发展过程中不可替代的基本要素，也是维系国民经济和社会发展的重要基础资源。受自然地理条件和人口影响，我国作为一个农业大国却是全球 13 个人均水资源量最为贫乏的国家之一。我国农业对灌溉的依赖性很强，农田灌溉面积居世界首位，农田灌溉用水量占全国总用水量的 70% 以上。但随着社会经济及工农业生产的快速发展，水资源短缺问题日趋严重，已成为制约国民经济可持续发展的因素，尤其在农业仍高度依赖灌溉的西北干旱半干旱地区，农业生产及耕地开发受到水资源条件的严重限制。与此同时，我国水资源利用方式粗放，农业用水浪费严重，农田水利水资源的利用率仅为 0.5，与世界先进水平 0.8 有较大差距。因此，在我国水资源比较缺乏、干旱灾难频发、农业用水粗放的情况下，发展节水农业对缓解目前缺水状况至关重要。

农业节水灌溉技术是集农田水利建设和农业技术运用于一身的一项综合工程和技术。实践表明，节水灌溉技术具有节约农业用水、降低干旱风险损失、提高资源利用效率、减少农村贫困和促进传统农业转变的作用（Koundouri et al.，2006）。大力推广应用高效节水灌溉技术、发展节水农业，对于保障区域水资源安全、生态安全和农业可持续发展具有重要战略意义。国务院颁布的《国家农业节水纲要（2012—2020年）》明确提出，到2020年高效节水技术覆盖率达到50%。水利部办公厅印发的《2016年农村水利工作要点》中提出要全面推进区域规模化高效节水灌溉行动，优先支持严重缺水、生态脆弱地区，全年新增高效节水灌溉面积2000万亩以上。2017年中央一号文件提出要把农业节水作为方向性、战略性大事来抓，大力实施区域规模化高效节水灌溉行动，集中建成一批高效节水灌溉工程。现阶段，政府采取一系列措施发展和推广节水灌溉技术，如全国重点建立300个节水灌溉示范县、加大节水技术研发和推广投资力度、实施节水技术补贴政策等，鼓励农户采用节水灌溉技术。

　　然而，由于节水灌溉技术的选择涉及政府、科研部门、节水技术产品供给者、基层农业组织、农户等多方主体，各主体利益目标的不同造成对节水灌溉技术的行动不一致，节水灌溉技术创新、采用、推广和大面积普及的难度较大。同时，在实践中，人口密度高，土地分散、种植结构复杂，经济相对落后等因素给节水灌溉技术的应用和推广带来一定困难，存在采用程度偏低、采用效率不高等问题，使节水效益未能充分发挥。虽然节水灌溉在我国推广已久，但在基层实施过程中仍存在较大阻碍，具有节水优势的节水灌溉技术并未得到农户的广泛认可（刘宇等，2009；Mobarak and Rosenzweig，2012）。目前，我国节水灌溉技术采用仍然较为缓慢，采用效率偏低的状况并没有得到实质性的改善，甚至出现了以喷、滴灌和微灌技术为主的节水灌溉技术推广面积比重下降的趋势（周玉玺等，2014）。

（二）政府节水灌溉技术推广存在诸多问题

作为农业生产经营的主体，农户是农业技术选择决策的主体，也是节水灌溉技术的最终使用者。只有使农户接受并采用了节水灌溉技术，其效益才能得到真正的发挥。节水灌溉技术是一项较为复杂的工程技术，需要较多的资金投入，仅靠单个农户难以完成，目前我国节水灌溉技术的主灌工程建设与推广工作主要依靠政府完成。经过几十年努力，我国节水灌溉技术的研发和推广取得了一定成绩，得到了长足的发展，但从采用端来看，节水灌溉技术并未被广大农户完全接受，技术采用仍然较为缓慢，普遍存在农户仅在政府推广初期采用，尔后完全放弃采用的现象。

现阶段，我国节水灌溉技术推广主要依靠政府主导的农业技术推广服务，由相关组织和专家在政府指令性组织下，对地方节水灌溉技术的使用做出安排，是一种自上而下的技术推广模式。节水灌溉技术推广服务是将最新灌溉技术、高效管理方法和实用农耕操作等农业信息传递给农户的机制，其目的在于为农业新技术或农业技术改进管理办法的采用提供支持（Khan et al.，2006），推广机构通过与农户交流，在提高农户管理技能的同时为其提供技术信息和帮助。农业技术推广服务不仅可以加速节水灌溉技术扩散进程、促进农户技术采用（Dinar et al.，2007；Ali et al.，2012），还可以通过引导农户提高农业技术利用效率，最终达到既提高农户作物产量又增加农户收入的目的（Ali et al.，2012）。

然而长期以来，这种忽视农户需求，强制式的政府推广服务模式难以适应市场经济的要求，无法满足农户多样化需求，最终成为制约节水灌溉技术推广服务效率的因素（董智玉，2007）。其主要原因：一方面，农业技术推广服务体系计划经济特征明显，转型滞后，其经费主要来源于政府，饱受地方财政的制约，推广事业往往缺少经济支持、推广人员缺少培训，大多数推广服务机构无法处理农户个性化需求问题；另一方面在于政府进行农业技术推广服务时往往具有选择性，通常对象为种植大户、经济条件好或文化程度高的村干部、村能人等，将小农户或贫困户边缘化，未能充分引导农户，发挥农户和推广组织间的桥梁作用。同时，由于我国农业技术推广服务体系不健全，推广经费来源没有保障，农业技术推广人员队伍不稳定，推广人员素质偏低以及科研、推广环节不能有效衔接等因素，现实中出现基层水利部门管理懈怠、节水设备维护不及时、技术服务不到位的现象，对节水灌溉技术的进一步推广造成了很大阻碍。

此外，我国大部分地区都是家庭式小农经营模式，农户文化水平低并且节水意识薄弱，在短时间内较难改变农户生产经营模式，导致种植无法规模化、规范化，加之农作物种植的多样化以及农户灌溉观念上的差异性，给节水灌溉技术的推广带来诸多困难。

（三）社会网络在农户技术采用过程中扮演重要角色

近年来，国内学术界对农户节水灌溉技术采纳开展了不少研究，也取得了一系列有价值的研究成果（刘红梅等，2008；刘晓敏、王慧军，2010；陆文聪、余安，2011；国亮、侯军岐，2011）。这些研究大多探讨了农户节水灌溉技术需求及推广节水灌溉技术的意义、路径与模式等。目前多数研究将影响农户技术采用的因素归纳为个体因素、家庭因素、社会经济因素、环境因素及农户风险态度等。随着社会资本理论兴起，一些学者将社会资本理论引入技术采用分析中，试图解释技术采用与扩散。社会网络作为一种特殊形式的社会资本，能够为农户提供物质资本、信息资源和情感支持，强大的解释力使之成为农户技术采用行为的重要解释变量（付少平，2004；曾明彬、周超文，2010）。农业技术从产生到被接受要经历一个由众多主体参与，在时间和空间上变异的复杂过程，这一过程会受到社会关系的深刻影响。农户间的交流、学习，以及资金、信息，甚至情感的支持，主要依靠社会网络进行。社会网络具有高密集度和较短的传播路径，能够提高技术扩散速度（Watts and Strogatz，1998）、降低不确定性（Conley and Udry，2010）、弥补正式制度缺陷（Fukuyama，2000），在农户技术采用过程中扮演重要角色。在以往研究中，学者关注更多的是社会网络在风险分担、促进劳动力流动和就业、扩大民间借贷渠道、农民创业以及村庄治理状况等方面的影响（章元、陆铭，2009；郭云南、姚洋，2013；张博等，2015）。目前来看，社会网络在农业技术采用中的作用逐渐得到学者的重视，但有关节水灌溉技术采用方面的研究还相对薄弱，尤其是社会网络对农户节水灌溉技术采用的影响机制研究尚属空白，使现有关于社会网络与技术采用的相关研究缺乏坚实的理论基础，最终带来政策设计偏差及推广效率较低等问题。

社会网络理论视角下的农村社会是由农户以及农户间的关系网络组成的，农业技术采用与扩散正是在这种特殊的网络关系中进行的。目前，有关社会网络影响农户农业生产经营活动的机制主要可以概括为两种。一种是信任与人情机制，如 Grootaert（1999）认为通过以亲友为主体的社会网络可以低成本地共享资源，从而提高农业经营绩效；Mogues 和 Carter（2005）的研究将社会网络视为一种无形资产或担保品，从而为人们提供更多的机会；马光荣等认为社会网络能够提高农民的民间借贷金额，促进农民创业和增加自营工商业收入；郭云南等（2013）的研究同样表明以宗族为基础的社会网络可以为农民创业提供资金支持。另外一种是信息共享机制，如 Ramirez（2014）对农户节水灌溉技术采用行为分析时发现农户主要通过亲戚朋友关系网络传播技术信息，以提高技术采用率；Genius（2013）认为基于社会网络的信息渠道在农户技术采用过程中起到了关键作用。农户通过社会互动交流和学习，可以获取有效信息，增进自己的知识积累，提高技术利用效率。旷浩源（2014）研究发现通过社会网络可以传播技术、信息等隐性知识，从而提高技术扩散速度和增加潜在采用者。

作为农户获取节水灌溉技术信息的两种渠道，社会网络与农业技术推广服务之间可能存在复杂的关联关系。但在已有的文献中，政府推广组织和农户社会网络间的互动关系一直未得到应有的重视，尤其在国内，尚未被纳入研究者的视野。由于以往研究存在对社会网络和农业技术推广服务二者互动关系的忽视，本研究拟从社会网络和农业技术推广服务联立视角，从农户信息渠道、采用决策、采用行为和采用效果等不同技术采用阶段进行深入探索，重点回答以下问题：在我国技术推广制度下，农户如何通过社会网络和农业技术推广服务获取技术信息？社会网络与农业技术推广服务对农户节水灌溉技术采用决策、采用过程中技术行为及采用效果有何影响？政府推广组织是否可以通过借助农户社会网络提升技术推广效果？

二 研究目的与意义

（一）研究目的

在干旱半干旱地区发展具有节水优势的节水灌溉技术对于减少水资源浪费、提高水资源利用效率具有重要意义，然而政府推广作用不明显、节水灌溉技术采用率低是制约农业发展与转型的重要因素，寻求其他途径改善这一现象迫在眉睫。基于社会网络与农业技术推广服务联立视角，分析社会网络与农业技术推广服务在农户技术信息获取、技术采用决策、技术采用行为和技术采用效果等方面的交互影响，提出政府推广组织借助社会网络提升节水灌溉技术采用效率的有效途径，为我国农业技术推广制度创新提供理论和实证依据。具体目标如下。

（1）通过对农户社会网络内涵、特征的学习，构建社会网络评价指标，找出合适的社会网络测度方法；通过对政府农业技术推广服务现状进行考察，分析政府农业技术推广服务的特征，找出表征政府农业技术推广服务的测度指标。

（2）通过对社会网络、农业技术推广服务两种农户获取技术信息主要渠道的特征分析，明确农户从各种渠道获取节水灌溉技术信息的路径，并实证分析农户节水灌溉技术信息获取过程中对社会网络与农业技术推广服务两种信息获取渠道的选择偏好及影响因素。

（3）通过对农户采纳节水灌溉技术影响因素的理论分析，实证研究农户节水灌溉技术采用决策的影响因素，进一步探析社会网络与农业技术推广服务对农户采用决策的交互影响。

（4）通过对社会网络与农业技术推广服务对农户实际技术采用行为影响的理论与实证分析，明确社会网络与农业技术推广服务对农户实际技术采用行为的影响及路径；通过探索农户技术采用中的干中学和社会学习效应，考察农户通过社会网络与农业技术推广服务的技术学习行为，进一步明晰社会网络与农业技术推广服务对农户未来节水灌溉技术采用调整的影响。

（5）通过对直接推广模式与纳入社会网络的示范户推广模式下的农户节水灌溉技术采用效果分析与比较，揭示社会网络与农业技术推广服务两种渠道对农户节水灌溉技术采用效果的影响机理，回答社会网络可以与推广服务相匹配促进节水灌溉技术采用的问题，并探寻提高农户节水灌溉技术采用效果的推广模式。

（二）研究意义

随着城市化、土地荒漠化、土地盐碱化，我国耕地减少速度明显加快，同时工业化进程的加快加速了水资源质量的恶化和可用水资源的减少，而经济的发展和人口数量的不断增长，使农产品的需求迅速增加，发展节水农业，将节水灌溉技术转化为生产力是提高农业产出的有效途径。然而在西北干旱半干旱地区，该技术并没有得到农户的广泛采纳，政府农业技术推广服务作用并不明显。因此，寻求政府推广新途径，促进西北地区节水技术采用与扩散具有重要的现实意义。政府农业技术推广服务与农户社会网络是农户获取节水灌溉技术的主要渠道，作用于农户技术采用的各阶段，本研究从社会网络与农业技术推广服务交互作用的视角，探析政府农业技术推广服务与社会网络影响农户节水灌溉技术采用的机理，其具体理论和现实意义如下。

1. 理论意义

（1）对于社会网络内涵、特征及度量方法的研究可丰富和完善社会网络理论，为社会网络在经济学中的应用做出补充。

（2）通过对社会网络与农业技术推广服务在节水灌溉技术采用各阶段的影响效应实证分析，探讨两者在农户节水灌溉技术采用各阶段中的互联互动的作用机理与路径，可补充农业技术采用行为理论的研究内容。

2. 现实意义

（1）通过对农户节水灌溉技术采用过程中各阶段的划分，分别研究社会网络与农业技术推广服务对农户技术采用的影响效应及路径，探寻两者在技术采用各阶段作用效果的差别，为设计合理的政府推广方式提供参考方案。

（2）通过对农户社会网络和政府农业技术推广服务在农户灌溉技术采用行为中的交互影响研究，探讨正式组织与非正式组织在农户技术采用中的互动关系，可以扩展我国农业技术推广服务路径，为我国农业技术推广制度创新提供理论和实证依据。

三 国内外研究综述

（一）国外研究动态

1. 农业技术采用行为研究

20 世纪初期，国外兴起了对农业技术采用的研究，60 年代的"绿色革命"进一步激发了学者对农业新技术采用研究的热情，使农户技术采用行为研究成为学术界的热门话题。梳理国外文献可以发现，学者基于不同学科背景，运用不同统计分析方法与数理模型对农户技术采用行为进行了相关研究和探讨，产生了诸多研究成果，并在理论和方法研究上取得了长足的进步。

从研究视角上来看，国外研究主要存在以下三方面的转变。第一是从采用行为的研究转向采用结果的研究。20 世纪 90 年代以来，欧美国家制定了农业补贴政策来鼓励农户采用农业环境保护节水技术，在项目开始实施的阶段，政府会对所有采用农业环境保护节水技术的农户给予一定数量的补贴，但项目最终取得的生态效益却未达到预期标准，由此促使学者对目前的研究范式进行反思，将研究重点从技术采用行为转向技术采用结果（Kaiser et al.，2010；Matzdorf and Lorenz，2010；Osterburg and Techen，2011）。第二是从技术采用的静态分析转向动态研究。如早期学者研究指出农户技术采用行为本质上是农户心理发生变化的动态过程，具体包括了农户的认知、兴趣、评价、尝试和应用等五个阶段（Rogers，1962；Bell，1972），研究者不应只针对某个阶段进行分析，还应该动态跟踪农户整个技术采用过程。近年来，国外学者逐渐意识到农业技术采用是一个动态过程，一些学者开始利用长期面板数据进行实证研究。例如，Dadi 等（2004）利用 25 年间的埃塞俄比亚农户数据，采用久期分析模型研究了随时间改变的变量和不变的变量对农户采用肥料和除草剂速度的影响。Alcon 等

（2011）利用西班牙干旱地区1975~2005年的调查数据，探索了农户采用滴灌技术的动态过程，并采用离散时间模型分析了农户个体、农场特征、经济因素、技术因素与体制因素对农户采用速度的影响力。第三是从确定性研究转向不确定性研究。在早期研究中，学者关于技术采用行为的研究通常基于确定性的假设，然而后期学者逐渐意识到不确定性和风险对农户技术采用行为有重要的影响，将不确定性纳入模型分析较为准确，因此有关农户技术采用行为的研究逐渐由确定性研究转向不确定性研究。例如，Lindner（1980）研究发现农户的技术采用行为存在主观和客观的不确定性，但随着时间的变化，农户可以通过搜寻信息、积累经验和互动交流等方式降低技术采用的不确定性。Carey和Zilberman（2002）在对农户采用节水灌溉技术行为的研究中，把将来发生干旱的可能性和市场的不确定性因素考虑在内，以此探讨影响农户节水灌溉技术采用的条件；Schuck等（2005）对科罗拉多州农户采用节水灌溉技术的研究表明，地区的干旱程度与技术采用之间具有正相关关系；Jack（2009）对贫困地区农户的技术采用行为进行了实证分析，结果发现虽然新技术可能为农户带来较高收益，但由于其风险和不确定性使农户在一般情况下不会冒险采用，最终可能导致新技术采用率较低。

从研究方法上看，传统研究范式的改变使研究农户技术采用行为的新方法不断涌现，学者研究不再拘束于分析农户技术采用行为特征和影响因素等方面，研究重点的多样性使得学者不断积极探索研究新方法。国外研究已经运用参与性农户评估法（Brocke et al.，2010）、元胞自动机模型（Balmann，1997）、SEM模型（Mohapatra，2011）、技术接受模型（Davis et al.，1989；Venkatesh and Davis，2000）以及多智能体模型等较为科学有效的分析工具。此外，实物期权投资模型和传播模型等新模型也得到了一定的开发与运用。

从研究内容上看，国外研究重点主要在以下三个方面。一是注重农户决策行为影响因素的研究（Finger and Benni，2010）。二是重视农业环境友好型技术采用的研究，如 Sattler 和 Nagel（2010）、Espinosa 等（2010）、Knowler 和 Bradshaw（2007）等学者认为影响农户采用环境友好型技术的因素主要包括个体特征（如年龄、文化程度、收入水平等）、经营特征（如农地规模、农地产权）、环境特征（如区域环境水平、交易成本、社区环境）等方面。三是重视农业可持续性技术采用的研究。随着发达国家环保计划的实行，农业可持续技术越来越被大众熟识，但对看重短期收益的农户，他们更多考虑成本收益与风险水平，并不会把减少资源消耗作为追求的目标，因此仅追求短期利益的农户并不会选择采用可持续技术。因此，如何激励和促进农户采用可持续性技术逐渐成为研究者关注的重点。

2. 社会网络与技术采用相关研究

作为社会资本中最重要的一部分，社会网络是由人际互动形成的相对稳定的关联体系。近年来，随着社会网络从社会学向经济学过渡，社会网络的重要作用也开始受到学者和政策制定者的关注。

Jacobs（1961）在对城市化社区进行研究时将"邻里关系网络"作为社会资本，首次在社会资本理论研究中提出了社会网络的概念，这种研究方法当前仍被广泛应用。Bourdieu（1986）研究指出社会资本是一种社会资源，并将其与社会网络相联系，认为社会资本是通过网络成员共同熟识或者被网络成员认可形成的。Coleman（1990）研究认为通过社会网络可以获取信息，对增加个人或集体利益有重要的影响，最早正式提出了社会网络可以作为社会资本的一种表现形式。Putnam（1993）在以往研究基础上重新定义了社会资本，并指出社会网络、规范和信任是组成社会资本的三种重要因素。

　　从另一视角理解社会网络源于社会网络分析，社会网络分析基于网络结构的角度，重点关注的是网络强度及其影响因素。Granovetter（1973）首次提出了关系强度的概念，网络成员的异质性决定了社会网络的强度，通常认为异质性越大，社会网络获取信息的能力越强。此外，社会关系的结构性状也决定了社会网络的强度，如 Lin 等（1981）研究认为个体拥有的社会资源的数量和质量取决于其在网络中的位置和社会地位。Burt（1992）研究发现社会网络中的一些个体间存在直接联系，而与其他个体间不存在直接联系或出现联系中断，拥有"结构洞"的人对信息和资源的获取、整合及控制占绝对优势。

　　社会网络在获取信息、汲取和控制资源等方面具有较大优势，目前在个体层面上的研究主要涉及家庭收入与分配、风险分担、劳动力转移、投资与融资等方面。Angelucci 等（2008）研究认为，由于网络成员之间通过信息传播或共享等方式可以分担风险，因此以姓氏为纽带的社会网络具有提高网络成员间平滑消费的能力。Fafchamps 和 Lund（2003）指出社会网络可以扩大融资机会，Karlan（2007）研究认为社会网络中成员交往较为密切，相互监督成本较低，有利于规避风险问题，同时 Banerjee 等（2013）、Samphantharak 和 Townsend（2010）研究发现由于网络成员之间相互熟识，在信贷市场上可以较为容易地将信用较低或盲目追逐风险的网络成员排除在外，能够有效减少因信息不对称造成的逆向选择问题。此外，社会网络还能制定相应的社会规范或规则，对违约者进行处置或惩罚，从而降低网络成员违约的可能性（Karlan and Morduch，2009）。在投融资方面，社会网络可以为成员间的投融资行为提供担保，从而增加网络成员进行投融资的机会（Karlan et al.，2009；Kinnan and Townsend，2012）。社会网络在劳动力转移与就业中的作用可以概括为促进信息共享、为迁徙成本提供融资渠道和配给就业三个方面。Munshi（2011）研究认为安置在同一社区的成员所组成的社会网络有助于后来的移民在新的迁入地找到高薪的非农工作岗位，原因在于新形成的社会网络可以提供共享的信息和资源。Dolfin 和 Genicot（2010）利用美国和墨西哥迁移数据对迁移网络如何促进外出打工机制进行研究，结果发现网络成员之间可以共享各种渠道的就业信息、互相提供资金支持以及迁移后相互扶持等，从而提高网络成员外出打工的可能性。Munshi 和 Rosenzweig（2006）对印度家庭中低种姓成员在教育和职业选择中的作用进行了分析，结果发现，低种姓男性成员从其社会网络中获益更大，更多地就读当地学校和从事低收入工作，低种姓女性成员从其社会网络中获益较小，更多地选择英语教育和从事中等或高收入工作。Mogues 和 Carter（2005）研究认为社会网络可以被当作一种无形资产或担保品，具有提供资源和增加财富的功能，社会网络的不平等会加大收入和财富的不平等，McKenzie 和 Rapoport（2007）研究发现社会网络也可能会缩小收入分配差距。

随着社会网络概念的兴起，由于其强大的解释力使之成为解析农户技术采用行为的重要因素。社会网络的信息渠道和学习功能在农户技术采用过程中起到关键作用（Genius et al.，2013）。受自身文化水平和周围环境影响，农村地区多数农户获取的信息具有不完全性，信息来源和与外界沟通受到多种因素的限制，而农户通过内部关系网络进行有关新技术采用的交流和学习，能够加速新技术信息在农户间的传播速度，改善农户对技术的认知和知识水平，从而减少技术采用的不确定性（Conley and Udry，2010），提升技术采用效果（Bandiera and Rasul，2006）。国外不少学者从社会学习、信息获取的视角分析农户社会网络对技术采用的影响效应。如 Foster 和 Rosenzweig（1995）发现绿色革命期间，印度农户采用高产杂种品种主要通过学习邻居经验，但效应比自身经验效应小；Udry 和 Conley（2001）研究表明加纳农户在菠萝种植过程中投入要素使用量的信息主要通过农户网络交流；Bandiera 等（2005）基于莫桑比克农户向日葵种植研究发现农户的采用决策与家族和朋友群组有关，而与宗教群组关系较小，且在不同宗教群组间没有差别。Liverpool 和 Winter（2010）研究认为人际社会网络比地理社会网络对农户技术采用行为影响更大。

3. 政府推广与技术采用相关研究

20 世纪 50 年代以来，农业技术扩散相关研究发展迅速，出现了大量的描述和解释技术扩散过程的研究。时至今日，国外研究大多应用数理经济模型对农业技术推广和扩散进行定量分析，且更加注重从农户视角探讨农业技术推广的作用，相关研究主要可概括为以下方面。

（1）关于农业技术扩散及推广过程的研究。概括来说，国外研究中对技术扩散的定义可以分为三种类型，第一种是将技术扩散视作创新的扩散，并将这种扩散看作一种模仿行为。一些学者认为技术采用过程是技术扩散的主导过程，如 Rogers（1962）研究发现一项新技术从最初出现到最终被采用者采用主要经历了认知、评价、决策、尝试和确定五个阶段，且后期学者研究同样表明技术扩散的确会经历以上阶段或部分阶段（Mason，1963）。第二种是将技术扩散表述为将技术看作特定渠道的传播，学者研究表明，经济发展状况、资源禀赋条件、市场发育情况、政策制度支持、配套设施建设和技术本身特性等因素决定了新技术是否具有适应性，从而对农业新技术的扩散产生影响（Moore et al.，1991）。此外，第三种认为技术扩散是新旧技术在时间上的交替，如 Munshi（2004）研究认为，在技术扩散过程中，信息的有效流动是至关重要的，个体技术采用行为主要是其进行学习和信息交流的结果。

（2）关于农业技术推广作用的研究。众多学者研究表明农业技术推广对农户产出具有重要影响。James（1990）对埃塞俄比亚地区小麦品种采用的研究发现，政府技术推广项目对小麦良种采用率具有显著正向影响。AI-Hassan 和 Jatoe（2002）研究表明技术推广活动可以为农户节约生产成本、促进农户技术采用以及技术转化，推广活动对加纳农户采用粮食作物新品种具有正向促进作用。Marsh 等（2004）通过对澳大利亚西部地区的农业科技推广活动进行研究，结果表明，农业技术推广项目可以提高农户生产率并带来较高的经济收入。Waddington 等（2010）、Ali 等（2012）学者研究发现农业技术推广项目具有节约生产成本、扩大技术传播范围、提高技术传播速率的重要作用，可以提高农业生产效率和管理水平。

（3）关于农业技术推广影响因素的研究。国外相关研究主要基于农户个体、制度安排、市场状况、技术特征等视角对影响农业技术推广的因素进行了探讨。在农户特征方面，学者研究主要集中在对早期技术采用农户行为的影响因素分析方面。例如，Ragasa 等（2013）、Guo 等（2015）和 Jiyawan 等（2016）学者研究表明，农户的性别、文化水平、家庭经济状况、经营规模和劳动力结构是影响农业技术扩散的重要因素。在技术特征方面，Rogers（1962）认为技术本身特征和性质对技术扩散具有重要影响。在制度安排方面，信贷可获性、信息水平、种植规模、土地制度、区域投资情况和基础设施建设等是影响农业技术推广的重要因素（Glendenning et al.，2010；Labarthe and Laurent，2013；Spielman et al.，2011）。在市场状况方面，Aker（2011）研究发现，市场信息是否完全与畅通、交易成本的大小能够对农户技术采用决策产生显著的影响，进而对技术推广效果产生影响。

（4）关于农业技术推广模式的研究。由于农业技术具有明显的公共物品属性，早期很多国外学者认为农业技术推广服务应由政府公共部门提供，然而随着农业技术推广服务概念的延伸，推广服务的供给主体也发生了变化。总体来看，国外研究中农业技术推广模式经历了先由政府主导，到市场主导，再到综合型服务模式的历程。在 1980 年之前，农业技术推广服务大多由政府部门供给，政府在推广服务中发挥着主要作用。之后随着农业技术推广组织私营化的政策倾向在全球范围内广泛推行，一些学者认为政府农业推广权利应该下放，例如，Ssemakula 和 Mutimba（2011）研究认为政府将农业推广权力下放后，农户可以获得与其自身利益更加相关的服务，进而提高了农户参与政府推广活动的积极性，因此农业技术推广服务应该摒弃政府主导的传统推广模式，增加推广活动的分散性。Karuhanga 等（2013）研究认为农业技术推广服务的提供者应该具有多元化、多层次特征，与不同类型农户交流时应该运用多种方式，农业技术推广服务的提供和获得将变得更有效率和更公平。Singh 和 Swanson（2006）、Babu 等（2013）认为，不同推广模式下的农业技术推广服务的根本在于满足农户的农业技术推广服务需求。

4. 社会网络与政府推广相关研究

社会网络不仅可以促进采用者之间的技术信息传播与交流，还可以改变技术推广者和采用者的认知和行为（Rogers，2010）。国外一些学者从不同视角探讨了在农业技术采用过程中社会网络与政府推广之间的关系。例如，Ramirez 等（2014）从关系嵌入视角研究认为，社会网络中的弱连接关系可以获取更多的异质性信息，进而加快新技术在不同主体中的推广。Burt（2009）从结构嵌入视角研究发现，占据结构洞的行为主体可以获取较多的非冗余信息，从而使嵌入结构松散、密度低的社会网络在推广过程中具有更多的信息优势。Reagans 和 McEvily（2003）从共有知识、社会内聚性、联结强度和网络范围四个维度对网络特性进行了测度，结果表明网络特性对技术推广过程中知识转移有不同程度的影响。Glendinning 等（2001）对印度东部林业推广方式和对农民技术采用情况进行了实证研究，结果发现农户主要从林业推广人员处获取技术信息，其次为大众媒体和邻居。Arellanes 和 Lee（2003）对孟加拉国现代品种采用的研究发现，仅有 12% 的农户选择从农业推广中获得现代品种的信息，大约 90% 的种子是由农户留种或与邻居换种所得。学者研究逐渐意识到农户获取技术信息的主要渠道来源于农户内部的交流，推广人员传播的信息也会在短时间内通过不同的农户进行传播，因而考察技术推广服务的影响时要将农户间的交流互动内在化，同时，面对不同的农户群体可以采用不同的推广策略。由此，国外一些学者提出一些新的技术推广方式，旨在通过农户间的信息传播和领导示范，增强政府技术推广效果。如 Feder 和 Slade（1986）建议用农业推广的培训与观摩系统降低农户信息的不对称性，利用政府机构的服务功能改善农户的技术采用行为。在这种推广服务指导模式下，有能力的农户还可能成为积极的传播者。Goyal 和 Netessine（2007）等研究发现，依赖"示范户"进行信息传播的模式，能够有效减少周围农户信息的搜集时间和成本，进而促进农户采用新技术。Mobarak 和 Rosenzweig（2012）研究指出识别领导型农户和跟随者，并对其施以经济刺激是提高技术采用效率的有效办法。但在已有关于技术采用的研究中，鲜有学者对社会网络与农业技术推广服务的关系进行探讨，两者之间是否存在相互作用也尚未有结论。Duflo 等（2011）研究表明受教育程度高的农户更倾向于从正规渠道（如政府技术推广活动）获得技术信息，进行社会学习的倾向因此变小；Genius 等（2013）对农户节水灌溉技术采用的实证分析发现，农业技术推广服务和社会学习是农户技术采用和推广的强决定因素，且农业技术推广服务和社会学习两种渠道的有效性会因对方的存在而增强。

（二）国内研究动态

1. 农业技术采用行为研究

国内在农户技术采用行为领域的研究起步相对较晚。20 世纪

90年代，在市场经济体制逐步建立的背景下，农户成为生产经营决策的主体，但由于我国宏观技术供给由政府主导，未能充分考虑农户技术偏好，最终导致了技术有效供给和需求之间存在较大矛盾。在此背景下，国内学者的研究重点逐渐发生转变，以需求为导向的农业技术扩散研究涌现出大量的研究成果。

从研究视角来看，国内研究大多以利用横截面数据为主，针对农户技术采用行为、结果及影响因素进行静态分析，仅有少数研究对某一区域技术扩散和采用状况进行了长时间的动态观察，多数研究缺乏对农户的长期跟踪调查及动态研究。从技术属性数量来看，大多数研究以对一种技术的研究为主，仅有少数学者对农户不同属性技术采用行为及影响因素进行了比较研究（满明俊等，2010）。此外，目前学者有关技术采用行为的研究对象主要为农户个体，对新型农业经营主体（如合作组织、农场等）的研究相对少见。李小建（2009）研究发现，位于组织群体中的农户由于从事专业化程度较高的经营活动更容易产生压力，从而会更加主动地探索学习农业新技术，因此认为合作经营组织能够促进技术扩散。张晓山（2004）、李建军和刘平（2010）等研究表明新型农村合作组织的组织功能日益强大，与农户个体相比，农业组织在促进农业技术扩散方面将发挥重大作用。

在研究方法上，自21世纪以来，关于农业技术采用行为的研究方法与之前相比有了长足的发展，逐渐从定性研究转向定量研究。近十年来在实证研究方面发展迅速，且有了一定的创新，目前学者采用较多的实证模型是二元选择模型，即Logistic模型（李南田、朱明芬，2000；王志刚等，2007；刘红梅等，2008；王秀东、王永春，2008；喻永红、张巨勇，2009；庄道元等，2013）和Probit模型（王静、霍学喜，2012；褚彩虹等，2012）。其次是博弈模型（韩青，2005；王克强等，2006；赵珊等，2008；蔡荣、蔡书凯，2013），但较为科学、合理或者能够模拟现实的方法仅有少数学者进行了尝试（陈海等，2009；韦志扬等，2011；庄丽娟等，2010；李后建，2012；黄玉祥等，2012）。

在研究内容方面，研究农户技术采用行为的文献越来越多，主要可以概括为以下三方面。一是关于农户特征与需求意愿的研究（林毅夫，2008；刘宇等，2009；黄武，2009；王浩、刘芳，2012；何可等，2014；朱萌等，2015），这类研究主要考察了农户技术需求情况，并对农户技术采用行为进行了特征分析。二是关于农户新技术采用决定因素的研究，一方面，部分学者利用效用分析的方法，基于农户是完全理性人的假设，认为技术采用带来的效用最大化是农户决定采用新技术的根本因素（林毅夫、沈明高，1991；朱希刚，1999）；另一方面，学者通过风险分析，基于"生存小农"的观点，认为农户选择技术的动机取决于技术风险是否最小化（汪三贵、刘晓展，1996；满明俊等，2010）。三是关于技术采用行为影响因素的研究，此类研究主要探究了影响农户技术采用的关键因素，然而目前国内研究尚未形成系统的理论框架，影响因素的选取具有多元化和分散性。从宏观层面来讲，影响农户技术采用的因素主要概况为驱动性因素和阻碍性因素；从微观层面来讲，影响农户技术采用的因素主要包括农户个体特征、家庭经营特征、技术本身特征、外部环境特征、政策制度特征等诸多方面。

2. 社会网络与技术采用相关研究

目前，国内学者关于社会网络的研究主要集中在社会网络内涵分析与测度方面。多数学者采用代理变量方式对社会网络进行表征，但不同学者针对不同对象的社会网络测度指标存在较大差异。例如，一些学者采用"调动工作时估计可以寻求帮助的亲戚朋友的数目"（李爽等，2008）、"找工作时有多少人帮忙"（陈钊等，2009）、"赠送给亲友的礼金价值占家庭总支出的比重"（章元、陆铭，2009）等行为指标来进行社会网络测度，但这些行为指标与被调查者的主观意识存在较大的联系。由于被调查者的主观意识可能使测度值出现较大偏差，还有一些学者采用"在政府、学校和医院工作的亲友数量"（张爽等，2007）、"家庭在政府和城里工作的关系密切的亲友"（赵剑治、陆铭，2009）、"过年是否给中小学老师拜年"（周群力、陆铭，2009）、"赠送过礼金的亲友数量"（章元、陆铭，2009）、"非亲友的直接或间接相识、朋友关系及血缘或姻亲关系"（边燕杰、张文宏，2001）等指标来衡量社会网络，这些指标可能存在双向因果关系的问题，即社会网络的构建和规模可能会与个人行为或是家庭条件互为因果。此外，目前学者采用的一些行为指标如"亲友间礼金往来"等可能造成遗漏变量的问题，因为礼金支出的金额受个体特征或家庭特征等不可观测因素的影响，这些因素同时对个体的行为产生影响，如相较于内向的人，外向的人更可能外出打工，这些性格特征影响着个体的社会网络和被解释变量，但又是无法观测和度量的，由此便出现了上述遗漏变量的问题。国内还有少数文献采用"人口规模"对社会网络进行直接测度，这部分研究主要集中在风险分担、集体行动和企业发展等方面。郭云南等（2015）研究指出，相比于行为指标，社会网络的直接测度存在明显的优势。郭云南和姚洋（2013）、郭云南等（2013）选取了"姓氏宗族人口比例"和"姓氏宗族是否有祠堂或家谱"两个指标对宗族网络的规模大小和强度进行了测度，研究发现宗族网络规模对家庭劳动力流动、融资和创业方面的影响不大，而宗族网络强度的影响较为显著。

目前国内关于社会网络对农户行为影响的研究主要集中在农户借贷、投资行为及创业等方面（胡金焱、张博，2014；何翠香、晏冰，2015；乔丹等，2016；苏岚岚等，2017）。由于社会网络具有信息共享的功能，可有效缓解信息不对称带来的各种问题，因此在目前正规金融制度发展较为缓慢的情况下，社会网络在农村信贷市场中发挥着巨大的作用（杨汝岱等，2011；胡枫、陈玉宇，2012；李锐、朱喜，2007），满足农民的资金需求，有助于农民自主创业（马光荣、杨恩艳，2011；郭云南等，2013）。章元和陆铭（2009）以及章元等（2008）研究指出，社会网络具有为农民工配给工作和增强农民工流动性的作用，在高竞争性的城市劳动力市场上，社会网络可以通过影响农民的工作类型，从而提升农民工的薪资水平。关于社会网络对农户技术采用影响方面的国内文献相对较少，只有少数学者基于社会网络的特点、作用与技术扩散等视角进行探讨（邝小军等，2013；胡海华，2016；王格玲、陆迁，2015；李玉贝等，2017）。例如，曾明彬和周超文（2010）研究认为大众传媒对复杂农业技术推广与运用的推动作用有限，可以利用政府的强连带优势，在村庄中挑选有"意见领袖潜质"的农民（如能人、村支书等），向其宣传和传授新技术，带动地缘与血缘等人际网络之中的农民运用，从而实现技术的扩散。旷浩源（2014）研究认为社会网络能够为网络成员提供技术信息、资金支持，能够有效促进农业技术扩散，同时农业技术的扩散也有助于形成新的社会网络。郑继兴（2015）对两个村屯整体社会网络分析的研究表明，网络结构特征显著的农户对农业技术扩散绩效影响较大。在社会网络规模研究方面，学者对农户社会网络规模与其技术采用之间的关系并未得到确定性的结论。通常认为农户社会网络规模越大，成员间交流互动的机会越多，获取的技术信息越完整（张群，2012），由此会促进农户对新技术的采用；然而也有学者认为，农户社会网络规模越大，信息外部性与搭便车行为越会推迟农户的技术采用行为；王格玲和陆迁（2015）研究发现，社会网络与农户技术采用之间呈倒 U 形关系，即在技术采用初期，社会网络越丰富的农户技术采用率越高，而在技术采用的中后期，农户社会网络对其技术采用率的影响不断降低。

3. 政府推广与技术采用相关研究

国内关于技术扩散与推广的研究起步较晚，20世纪90年代后我国政府和学术界开始重视技术创新扩散与推广问题，但研究主要集中在工业技术领域，关于农业技术的相关研究较为分散，且主要集中在农业技术推广供需分析及农业技术推广服务体系等方面。

首先，在农业技术推广的供需分析方面。有学者提出，农业技术推广服务在现代农业发展中是政府引导农户技术采用行为的重要措施，同时也是农户获取技术信息的主渠道（陈新忠、李芳芳，2014；乔丹等，2017）。有学者认为，基于农业技术推广服务的学习和模仿对农户提升技术水平至关重要，如果农户能够主动参加有关新技术的培训，他们就会根据掌握的技术信息来预估成本收益情况，那么他们采用新技术的可能性较大。农户获得信息程度、受教育程度、得到技术推广服务和指导以及推广部门联系次数均与农户采用概率呈高度正相关（李丰，2015；韩一军等，2015；李曼等，2017）。然而长期以来，我国政府农业技术推广服务难以适应市场经济下农户的多样化需求，农业技术推广服务与农业生产之间的矛盾日益突出，李波等（2010）、焦源等（2014）研究发现政府的技术推广行为与农户的技术需求行为相背离的现象非常普遍。韩洪云和杨增旭（2001）等学者认为，有效需求与有效供给之间的失衡是目前农业技术推广服务所面临的主要矛盾，这一矛盾在节水灌溉技术推广服务的供需平衡方面同样表现得非常突出。旷宗仁等（2011）指出目前的推广体制、推广理念、推广方法及推广内容并不能有效地满足农户生产的技术需求，最终严重影响了农业技术推广服务效果。近年来，国内学者开始逐渐重视以需求为主导的农户技术采用行为研究（吴敬学等，2008；卫龙宝、张菲，2013；高强、孔祥智，2013），对于解决此矛盾，张能坤（2012）、李学婷等（2013）学者建议应当完善我国农业科技推广机制，以满足农户生产的技术需求为出发点，完善农业基础设施建设、扩大农户耕地经营规模、提升农户科学文化水平，从而降低农户技术采用过程中面临的风险，提升其对技术采用收益的预期。

其次，在农业技术推广服务体系研究方面。目前，国内相关研究主要从供给主体、供给机制、政策保障、服务效率和体系完善等方面展开。尹丽辉等（2003）研究认为未来农业协会将是我国农业技术推广服务体系中的新型主体，农业企业会成为其服务的主要新对象，农业技术推广服务的主要内容是提高农产品质量，农业技术推广服务的主要形式是为农民开展技术培训。王玄文和胡瑞法（2003）利用农户调查数据考察了农户目前对技术服务内容的需求并对其进行了排序，结果发现农户个体特征、家庭经济条件、土地禀赋、技术推广、专业协会和养殖规模等因素是影响农户目前技术服务需求的主要因素。简小鹰（2005）基于农业技术推广服务资源配置的视角对多种农技服务模式进行了考察，分析了如何通过制度建设为农业技术推广服务市场机制提供发展环境。单昆（2010）从供给主体、供给方式、信息传播渠道等方面对我国农技推广服务进行了分析，并认为需要鼓励非政府机构参与提供农技服务，支持通过大众传媒、组织传播等方式传递农业技术信息，从而提高农技推广服务的针对性和有效性。简小鹰等（2007）基于微观视角，考察了农户技术获取的不同方式，及其在学习和应用新技术方面存在的困难和障碍，结果发现政府农业技术推广服务在贫困地区存在缺位的状况，因此建议在贫困地区应将政府和市场发挥的作用有机结合，制定有效的战略和措施来开展农业技术推广服务。李荣（2012）研究中构建了农技服务供给的政府和市场边界的基本分析框架，并对政府边界与市场边界进行了细分。孔祥智和楼栋（2012）对农户技术需求和技术获取来源进行了分析，研究认为我国农业技术推广服务体系的改进和完善应该从农技推广机构和非政府农技推广组织两个方面着手。

4. 社会网络与政府推广相关研究

社会网络理论视角下的农村社会，是由农民（主要行动者）及其之间的关系网络构成的。费孝通（1948）在《乡土中国》分析到我国农村具有典型的"熟人社会"特征，宗法血缘是人与人之间相互联系的关系纽带，即便是在没有血缘关系的情况下，也至少是"邻居"或"熟人"，农技推广正是在这种特殊的关系网络中进行的。因此，推广者与采纳者之间的强弱关系，势必对推广者和采纳者的行动和行为起作用。从社会网络的视角来看，某项农业技术从最初的出现到被特定的农户接受，其间经历了众多主体的参与，并受到社会关系的深刻影响。以往国内关于农户社会网络与政府推广相关联的研究相对较少，随着社会网络在农业技术扩散与采用过程中的作用逐渐显现，近期逐渐有学者关注农户间的关系网络与农业技术推广间的关系。例如，胡海华（2016）以有机大棚蔬菜种植为例，运用 ABMS 方法建立农业技术采用决策模型并进行计算机模拟仿真，并比较强弱关系对农业技术扩散绩效的影响，结果发现增加农户社会网络关系数量、提高社会网络关系间的互惠互助水平，都能显著促进农业技术扩散。陈辉等（2016）通过对猕猴桃技术推广的研究发现，可以在村庄内部建立农技推广的小环境并与政府推广体系相衔接，从而使农户与政府技术推广机构充分互动。郑阳阳等（2017）运用多案例研究方法，探讨了农业技术来源、社会嵌入与农业技术推广绩效的关系，结果发现在不同的关系嵌入和结构嵌入中，农业技术推广绩效存在差异。这些研究为促进农业技术扩散、提升农业技术推广绩效提供了新的借鉴和研究思路。

（三）国内外研究评述

国内外学者在以上方面的研究取得了较为丰硕的成果，其理论与方法均为本书研究提供了重要的启发和借鉴意义。总体来说，目前国内外关于农户技术采用行为的研究较为完善，社会网络、推广服务与农业技术采用关系方面的相关研究在国外较为超前，国内较为零散，尚未形成系统的研究体系。总结已有文献，尚有以下方面问题有待解决。

（1）国内学者对农业技术采用行为多为单一过程的静态分析，未将农业技术采用视为一个动态变化或多阶段的过程，与农户现实技术采用的动态过程并不相符。农户在采用农业技术时往往存在试采用、采用决策、技术学习与提升等行为，而已有研究大多忽视了农户在技术采用中的学习行为。此外，同一因素在不同阶段对农户行为的影响可能存在差异，目前学者在农户个体行为影响因素分析方面较为简单，所选取的影响因素差异性不大，可能忽视了重要变量对农户行为的影响。

（2）学者关于社会网络的研究数量较多，内容也较为丰富，在社会网络的测度方面国内外学者进行了一些有益的探索，但并未形成统一的测度指标和方法。目前大多数研究中，学者选择1~2个代理变量对社会网络进行测度，较为简单，不足以表征和解释社会网络的内涵。

（3）有关社会网络在个体行为方面的研究主要集中在风险分担与平滑消费、融资与投资、劳动力转移与就业、家庭收入及分布等方面，在农业技术采用方面的研究相对不足。此外，国外学者大多关注社会网络的信息渠道和学习功能在农业技术采用中的作用，国内鲜有学者探讨社会网络在农户农业技术采用过程中的作用与影响机理。

（4）在农业技术采用过程中，政府推广组织和农户社会网络间的互动关系一直未得到应有重视，两者对农户技术采用的交互影响关系尚不清楚，尤其在国内，尚未纳入研究者的视野。同时，关于节水灌溉技术采用中的农户社会网络效应和政府农业技术推广服务效果缺乏系统和细致的实证研究，社会网络与农业技术推广服务交互作用如何影响农户技术采用行为有待深入研究。

（5）针对农业技术推广服务体系建设的问题，国外学者已将研究重点放在探索采取何种推广模式能够实现农技服务效率的最大化问题上，国内学者主要从推广服务体系和制度构建的视角探讨提高技术推广效率的途径与对策。缺乏基于政府农业技术推广服务借助社会网络以及相互匹配提高技术采用效率路径的研究，如何协调农户社会网络与政府农业技术推广服务以提高农户技术采用效率尚未有结论。

基于此，本研究将在前人的基础上，基于社会网络和农业技术推广服务的双重视角，在对农户社会网络与政府农业技术推广服务测度的基础上，针对农户节水灌溉技术采用的信息获取、采用决策、实际采用行为、技术学习、采用效果等不同阶段进行深入分析，主要探索社会网络和农业技术推广服务对农户节水灌溉技术采用各阶段的影响及路径，最终为农业节水技术推广制度创新提供理论与实证支持。

四　研究思路与内容

（一）研究思路

本研究基于社会网络与农业技术推广服务的视角，按照农户节水灌溉技术信息获取—采用决策—采用行为—采用效果的思路展开，研究农户社会网络与政府农业技术推广服务对农户节水灌溉技术采用的影响。第一，通过整理和学习相关文献资料，从理论上阐释社会网络与政府农业技术推广服务影响农户技术采用的内在机理，对社会网络和农业技术推广服务两种渠道进行特征分析与测度，并结合农户节水灌溉技术采用行为进行描述性统计分析；第二，分析农户通过社会网络与农业技术推广服务两种渠道获取技术信息的特征，探究农户对不同信息获取渠道的选择偏好与影响因素；第三，探究社会网络与农业技术推广服务及其交互作用对农户节水灌溉技术采用决策的影响，并进一步针对技术采用户，分析了社会网络与农业技术推广服务对其实际技术采用行为（如采用面积、采用率和投资金额等）的影响和路径；第四，考察农户节水灌溉技术采用过程中的干中学和社会学习行为，分析基于社会网络与政府农业技术推广服务的技术学习对技术采用效果和未来采用调整行为的作用；第五，考察不同推广模式下农户节水灌溉技术的采用效果，证实社会网络可以内嵌于推广服务提升农业技术采用效果，并根据以上研究结论提出相关政策建议。

（二）研究内容

第一章，导论。首先，对本研究的背景、研究目的与意义进行介绍与阐述；其次，梳理国内外相关文献，进行简要评述并形成本书研究基础；阐明本书研究思路与各章节研究内容，陈述研究采用的方法、模型与技术路线；最后，对本研究中的创新之处进行归纳和总结。

第二章，概念界定与理论分析。在对节水灌溉技术采用、农户社会网络、政府农业技术推广服务等核心研究概念进行界定和阐释的基础上，根据农业技术采用行为理论、社会网络理论、农业技术扩散理论等的指导，构建本研究总的理论框架，阐明社会网络与农业技术推广服务作用于农户技术采用行为的机理，为本书研究奠定理论基础。

第三章，节水灌溉技术推广与采用现状。首先，从宏观视角阐述了中国农业节水灌溉技术推广的历史沿革，分析了节水灌溉技术推广的未来发展趋势。其次，利用甘肃省1014个微观农户的实地调查数据，对样本区域农户接受政府节水灌溉技术推广服务和技术采用的基本现状进行分析，总结政府节水灌溉技术推广服务与农户技术采用过程中存在的主要问题。

第四章，社会网络与农业技术推广服务的测度及特征分析。通过设计科学合理的社会网络测度指标体系，利用因子分析法对农户社会网络及其各维度指数进行测度，比较技术采用户和非采用户社会网络之间的差异。对样本农户接受政府节水灌溉技术推广服务进行描述性统计分析，从推广强度、推广质量、推广水平和推广态度四个方面，考察农户对政府农业技术推广服务的评价，并比较技术采用户和非采用户接受推广服务的差异。

第五章，农户获取节水灌溉技术信息渠道选择偏好及影响因素。首先，结合已有文献资料和调查资料，阐述农户技术信息获取渠道特征并将其分类，明确农户通过个体社会网络和农业技术推广服务获取技术信息的路径。其次，对社会网络和农业技术推广服务两种渠道的技术信息传播方式、渠道特点和信息有效性进行分析，比较分析两种渠道获取技术信息的差异特征。同时，结合调查资料，分析不同特征农户主要技术信息获取渠道的选择偏好及其影响因素。

第六章，社会网络与农业技术推广服务对农户节水灌溉技术采用决策的影响。首先，从理论上阐明社会网络与农业技术推广服务如何对农户技术采用决策产生影响，并构造社会网络与农业技术推广服务的交互项，考察两者及其交互作用如何影响农户技术采用决策；其次，针对不同规模和风险偏好农户，分别验证社会网络、农业技术推广服务及其交互作用在不同农户组间的影响差异。

第七章，社会网络与农业技术推广服务对农户节水灌溉技术采用行为影响。首先，利用节水灌溉技术采用户的调查数据，运用结构方程模型探析社会网络、农业技术推广服务对农户节水灌溉技术的实际采用行为（如采用面积、采用率、投资金额等）的影响及路径，验证社会网络在促进技术采用过程中的直接和间接作用。其次，基于农户技术采用过程中的学习视角，将农户技术学习分为基于自身经验的干中学和基于社会网络和农业技术推广服务的社会学习，实证分析干中学和社会学习对农户节水灌溉技术采用效果与未来技术采用调整的影响效应。

第八章，社会网络与农业技术推广服务对农户节水灌溉技术采用效果影响。将样本区域内的节水灌溉技术推广模式分为直接推广和示范户推广两种模式，并将不同推广模式下的农户分为推广组和示范组，阐述两种推广模式的特征与不同组农户的特点，运用农户调查资料对不同组农户灌溉用水效率进行测算，以此表征农户节水灌溉技术采用效果；运用倾向得分匹配方法考察不同推广模式下农户节水灌溉技术采用效果，提出实现节水灌溉技术采用效果提升的方案和政策建议。

第九章，研究结论与政策建议。首先，对本研究的主要内容进行总结，概括研究得出的主要结论。其次，从拓宽农户信息获取渠道、注重社会网络建设、完善政府农业技术推广服务体系、创新技术推广模式和配套技术推广的保障措施等方面提出相关的政策建议。最后，说明本书在数据使用和研究方法上的局限及未来需要注意的事项和研究方向。

五　研究方法与技术路线

（一）研究方法

本研究在对国内外相关文献进行梳理的基础上，首先利用规范分析方法对社会网络、农业技术推广服务在农户节水灌溉技术采用过程中的作用进行理论分析，其次利用统计分析、计量分析等方法考察节水灌溉技术推广与采用现状，测度农户社会网络与政府农业技术推广服务，分析农户技术信息获取渠道选择偏好，探讨社会网络和农业技术推广服务对节水灌溉技术采用的影响，比较农户技术采用过程中的干中学和社会学习效应，评价不同推广模式下农户节水灌溉技术的采用效果。具体研究方法如下。

1. 定性分析方法

运用文献资料研究法，收集整理国内外关于农户技术采用、社会网络与政府农业技术推广的文献资料，了解目前研究进展和前沿，为本书研究提供理论基础；运用归纳与演绎等定性分析方法，分析和界定节水灌溉技术、农户社会网络、政府农业技术推广服务等概念的内涵、外延，界定农户社会网络和政府农业技术推广服务及其特征，为研究奠定概念基础；在此基础上，通过规范分析方法分别探讨社会网络和农业技术推广服务两种渠道对农户节水灌溉技术采用过程中的信息获取、采用决策和采用效果的影响机制，结合农户技术采用中的学习效应，以及社会网络和农业技术推广服务相互匹配方式，探讨推动节水灌溉技术扩散和提升农户采用效果的推广方式。

2. 统计分析方法

运用统计分析方法，结合统计数据和农户调查数据，分析我国节水灌溉发展趋势，并对样本区域内农户节水灌溉技术采用状况、政府农业技术推广服务推广现状进行统计分析，以发现样本区域内节水灌溉技术推广和采用中存在的问题。

3. 计量分析方法

本研究采用的主要计量方法包括因子分析、Probit 模型、泊松回归模型、结构方程模型和倾向得分匹配方法等。

（1）利用因子分析对农户社会网络指数进行测度。首先，在梳理相关文献的基础上，从网络互动、网络亲密、网络互惠和网络信任四个维度选择社会网络的表征指标。其次，对选取的指标进行因子分析，提取反映社会网络的主要因子，形成新指标并进行命名。最后，根据提取的公因子和因子载荷矩阵计算社会网络总得分。此外。通过对比技术采用户和未采用户间社会网络的特征差异，为本书奠定研究基础。

（2）利用二元 Probit 模型对农户节水灌溉技术信息获取渠道选择偏好、农户技术采用决策和未来面积调整行为进行分析。农户对某种信息获取渠道的选择、是否采用某种技术的决策以及对未来是否调整采用面积是典型的二元选择问题，所以选取二元 Probit 模型进行分析。另外，为了探讨社会网络与农业技术推广服务及其交互作用对农户技术采用决策的影响，在同时考虑个体特征、家庭经营特征和环境特征等因素的影响的基础上，采用包含一个交互项的二元 Probit 模型进行分析。

（3）利用泊松回归模型对农户信息获取渠道种类、接受推广服务形式种类的影响因素进行分析。农户信息获取渠道的种类和接受推广服务形式的种类为 1、2、3、4、5 等，因变量基本符合泊松分布，因此在同时考虑其他因素的情况下，采用泊松回归模型对其影响因素进行分析。

（4）利用结构方程模型考察社会网络和农业技术推广服务两种渠道对农户节水灌溉技术采用的影响及路径。考虑社会网络对农户技术采用存在直接影响效应，也可能通过影响农户接受农业技术推广服务的质量间接影响技术采用，其影响路径有待检验，因此选择结构方程模型将农户社会网络、政府农业技术推广服务、其他环境因素以及农户技术采用行为纳入统一分析框架，既可以看出影响大小程度，又可以得到潜变量间的影响路径。

（5）利用随机前沿生产函数模型（SFA）测度农户灌溉水利用率，以此表征农户节水灌溉技术采用效果。具体来说，以灌溉用水量作为农业生产的投入要素之一，并构建相应的随机前沿生产函数模型，通过估计随机前沿生产函数与农户生产技术效率，进而推导出农户灌溉用水效率。

（6）利用 Tobit 模型对农户节水灌溉技术采用效果的影响因

素进行分析。因变量农户节水灌溉技术采用效果的具体水平是以农户灌溉用水效率进行表征的，其区间分布为 0 ~ 1，因此选择 Tobit 模型进行考察。

（7）利用倾向得分匹配模型（PSM）对不同政府推广模式下农户节水灌溉技术采用效果进行分析。为了规避研究数据可能带来的内生性和样本选择偏误问题，在将不同推广模式农户进行匹配的前提下，采用倾向得分匹配模型探讨不同模式下农户节水灌溉技术采用效果，从而为设计更好的推广模式提出实证依据。

（二）技术路线

本研究按照"总体设计—理论研究—数据获取—现状分析—实证研究—结论与建议"的路径来设计全书技术路线。第一，通过研究背景介绍，提出本书研究命题，设计总体研究框架；第二，在文献研究、理论研究基础上对节水灌溉技术、技术采用行为、农户社会网络与政府农业技术推广服务等相关概念进行界定，并根据农业技术采用理论、社会网络理论和农业技术扩散理论等构建理论框架；第三，设计实地调查问卷，通过预调研完善问卷并制定合适的调查方案，统一抽样方式，通过对农户的调研、政府推广机构的深度访谈获取研究所需的资料与数据；第四，对样本区域内节水灌溉技术推广与采用的现状进行分析，发现存在的问题；第五，将农户节水灌溉技术采用过程划分为信息获取、采用决策、实际采用行为、采用调整等不同阶段，实证分析社会网络与农业技术推广服务对农户不同阶段技术采用行为和技术采用效果的影响；第六，依据理论和实证研究结果提出相应的政策建议。具体技术路线如图 1 - 1 所示。

六　本书创新之处

根据农户技术采用过程，将节水灌溉技术采用划分为技术信

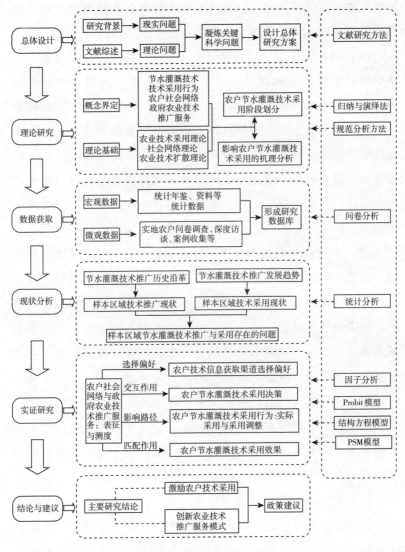

图 1-1　研究技术路线

息获取、采用决策、实际采用与调整等不同阶段，并将农户社会
网络与政府农业技术推广服务同时纳入农户技术采用分析框架
中，探讨两者及其交互作用对农户节水灌溉技术采用的作用机理
与影响路径。试图解答节水灌溉技术扩散缓慢、农户采用率低下

和采用效果不佳等问题，从而为设计合理有效的技术推广模式提供理论和实证支持。具体创新之处表现在以下几点。

（1）将社会网络划分为网络互动、网络亲密、网络互惠和网络信任四个维度，构建了社会网络测度量表。利用农户调查数据，采用因子分析方法，对社会网络进行了测度与解析，考察农户社会网络特征。结果表明，农户与网络成员的亲密程度、互惠程度和信任程度大多处于一般水平以上，农户与网络成员的互动程度相对较少；节水灌溉技术采用户与未采用户的社会网络总指数和各维度指标值存在差异，采用户的社会网络指数明显高于未采用户。

（2）作为农户获取节水灌溉技术信息的两个主要渠道，社会网络与农业技术推广服务具有互补作用。利用 Probit 模型对社会网络与农业技术推广服务对农户节水灌溉技术决策的影响进行分析，研究发现，社会网络、农业技术推广服务各维度对农户节水灌溉技术采用决策均具有显著的促进作用；推广强度和推广形式分别与网络互动、网络信任的交互项系数显著为正，且与不含交互项时相比，推广强度、推广形式、网络互动和网络信任的回归系数变大，社会网络与推广服务的交互作用可以促进农户节水灌溉技术采用，且两者的交互作用在不同规模和不同风险偏好农户间存在差异。

（3）社会网络对节水灌溉技术采用的促进作用具有直接效应和间接效应，直接效应表现在社会网络可以直接促进农户实际技术采用行为，间接效应表现在农户社会网络可以通过影响农业技术推广服务效果而影响农户节水灌溉技术采用行为。利用结构方程模型，从理论和实证层面分析了社会网络与政府农业技术推广两种渠道对农户实际技术采用行为的影响，研究发现，社会网络和农业技术推广服务对农户节水灌溉技术采用面积、采用率和投资金额具有显著正向影响；从影响路径系数来看，社会网络对农户节水灌溉技术采用的影响大于农业技术推广服务的作用；农户社会网络可以通过影响其对农业技术推广服务评价进而正向影响农户节水灌溉技术采用行为。

（4）农户节水灌溉技术采用过程中存在干中学和社会学习效应。基于农户技术采用是一个动态的过程，选择合适的代理变量对农户干中学和社会学习进行表征，探讨农户通过干中学和社会学习对节水灌溉技术采用效果和未来采用面积调整行为的影响效应。结果发现，干中学和社会学习对农户节水灌溉技术采用效果和未来增加采用面积的意愿有显著正向影响，具体表现在农户技术采用年限每提高 1 个单位，其节水灌溉技术采用效果提高 0.006 个单位，未来增加采用面积的意愿提高 0.013 个单位；交流频繁程度每增加 1 个单位，技术采用效果提高 0.031 个单位；交流频繁程度和政府推广次数每提高 1 个单位，农户未来增加采用面积的意愿分别可以提高 0.031 个单位和 0.091 个单位。此外，与农户干中学相比，通过亲情网络交流和组织网络的社会学习对农户节水灌溉技术采用效果和未来增加采用面积意愿的影响更大。

（5）社会网络作为一种非正式组织，可以内嵌于政府农业技术推广服务正式组织中发挥更大作用。考虑样本选择偏差及内生性问题，运用倾向得分匹配方法，分别研究了不同政府推广模式下农户节水灌溉技术采用效果。研究结果表明，总样本农户灌溉水的平均利用效率为 0.723，示范组农户灌溉用水效率为 0.745，推广组农户灌溉用水效率为 0.672，在考虑了样本自选择和内生性问题后，使用 PSM 方法估计发现示范组农户用水效率为 0.746，推广组农户用水效率为 0.662，两组农户用水效率之间的差异变大，证实节水示范户在技术推广过程中起到了增强推广效果的作用。

▶ 第二章

概念界定与理论分析

推广节水灌溉技术，发展节水农业对保障干旱半干旱地区水资源安全、粮食安全和生态安全，推动现代化农业和实现可持续发展具有重要作用。如何激励农户采用节水灌溉技术，促进节水灌溉技术迅速扩散也成为学者关注的焦点。第一章中我们主要介绍了本研究的写作背景、国内外研究现状及不足、研究内容、思路与方法。本章将对节水灌溉技术、社会网络、农业技术推广服务等相关概念进行界定，对已有农户技术采用行为理论、社会网络理论和农业技术推广理论进行梳理，并在此基础上，构建核心内容的理论分析框架，为后文研究提供理论依据。

一　概念界定

（一）节水灌溉技术

灌溉水由水源地输送到田间，然后输送到农作物，由此产生的产量转化为经济效益，节水灌溉技术就是在水调配、输配水、灌溉和作物吸收等环节上，通过采取合理的节水措施，减少各环节灌溉水浪费，提高水资源利用率，从而获得农业生产的最佳综合效益。节水灌溉技术一般由一个完整的体系组成，主要包括水资源优化配置技术、节水灌溉工程技术、田间节水管理技术、农艺节水、生物节水等技术。其中，节水灌溉工程技术是该体系的核心，主要包括渠道防渗技术、低压管道技术、滴灌技术、喷灌技术、微灌技术等。

渠道防渗作为主要的节水灌溉措施在我国应用范围较广。与传统土渠输水相比，渠道防渗输水迅速，节省土地资源，同时还可以减少输水渗漏和蒸发，水分利用效率可以提高50%～70%。

低压管道也被称为低压管灌技术，是通过管道输水的方式直接将灌溉水运送到田间，比普通渠道输水更加快速，不仅能够降低土渠输水过程中发生的渗漏和损失，而且能够节约土地资源、水资源，并提高产量。

滴灌是利用管道和滴灌带进行输水，并根据农作物用水需要，通过毛细管上的灌水器将水直接滴入农作物根区土壤进行灌溉的方式。滴灌是目前灌溉水利用率最高的技术，同时进行滴灌和施肥能够显著提高肥料利用率，主要应用于经济作物、温室和干旱地区大田作物的灌溉，但滴灌技术存在滴头结垢和堵塞的劣势。

喷灌是利用管道将压力喷洒器分散成细小液滴，并将其均匀地喷洒到田间的灌溉方式。喷灌能够明显地节约水资源，带来较大产量的增加，不仅节约了农户的投入资金和劳动力，也防止了耕地次盐碱化的发生。

微灌是一种微型喷灌技术，采用塑料管道输送水和微型喷头进行局部灌溉。与一般喷灌相比，微灌更加节水，并可以改善田间小气候，也能够与化肥结合使用以提高肥料利用效率，目前微灌技术主要用于对经济作物、温室、果树花卉和草坪等进行灌溉。

节水灌溉技术的类型较多，本研究中的节水灌溉技术是指以节水灌溉工程技术为主的高效节水灌溉技术，包括喷灌技术和微灌技术。在实际应用中，干旱半干旱地区由于气候干旱，蒸发量大，高效节水灌溉技术一般以低压管灌和微灌技术为主，本研究所选样本区域内的高效节水灌溉技术主要是指低压管灌和滴灌技术。

（二）节水灌溉技术采用

农业技术采用是指农户从听说一项农业新技术到农户最终采用该项技术的过程（Rogers，1962）。后期学者研究也证实了以上过程的存在，一般认为农户技术采用是指农户从了解某项新技术，到对技术形成评价，再到认可并掌握该技术，最终在农业生产中实施并运用该技术的过程，从结果来看，农户节水灌溉技术采用是指农户对某项节水灌溉技术的选择和接受行为（韦志扬，2007）。本研究中有关节水灌溉技术采用的概念包括以下方面。

1. 节水灌溉技术信息获取

农户对节水灌溉技术的评价往往基于其所获得的信息，为了降低生产风险和不确定性，农户会通过各种渠道获取节水灌溉技术相关信息，从而对新技术形成正确的认知和评价。本研究中节水灌溉技术信息获取是指农户通过政府技术推广部门（如农技员、推广机构）、个体社会网络（如亲朋、邻居、种植大户等）或电视、广播、手机和互联网等媒体渠道获得技术信息的过程。

2. 节水灌溉技术采用决策

农户对节水灌溉技术的采用决策分为两种情况，即农户采用或不采用这项技术，是一个二元决策问题，本研究中节水灌溉技术采用决策指的是农户对技术是否采用的决定。

3. 节水灌溉技术实际采用行为

当农户做出了采用某项节水灌溉技术的决策后，即产生了农户的实际采用行为，本研究中的农户节水灌溉技术实际采用行为主要包括了节水灌溉技术的采用面积、采用率和采用调整等方面。

（1）采用面积。采用面积是指当前农户实际采用节水灌溉技术进行农业生产的家庭耕地总面积。

（2）采用率。由于技术风险和不确定性，农户节水灌溉技术采用并非是一次性的采用，现实中的技术采用往往表现为一个逐步的过程，即农户先小规模尝试采用新技术，然后采取循序渐进的方法，逐步增加采用面积。因此，本研究中选择节水灌溉技术采用率来衡量农户的技术采用程度，用农户目前采用节水灌溉技术的耕地面积占家庭耕地总面积的比例来表示，采用率的取值介于 0～1，如果农户尚未采用新技术，采用率为 0；如果农户在其家庭全部耕地上采用了新技术，则采用率为 1。

（3）采用调整。农户对节水灌溉技术的采用并不是一成不变的，农户会通过以往种植经验和技术采用情况对新技术形成新的认知和评价，从而改变技术采用预期，继而调整其技术采用行为。本研究中技术采用调整主要包括农户对某项节水灌溉技术采用程度的改变、对不同技术类型采用的更换以及对技术采用过程中种植结构的调整等方面。

4. 节水灌溉技术采用效果

节水灌溉技术采用效果可以用技术采用率、增产效果、技术效率等指标进行衡量。由于本研究中主要考察的是农户采用节水灌溉技术的管理和使用能力，重点关注农户技术采用后带来的水资源优化利用程度，因此选择农户节水灌溉技术采用效率来衡量技术采用效果。具体来说，节水灌溉技术采用效率的测算就是将灌溉用水作为农业生产的投入要素，在保证农户产出、技术和其他投入要素不变的情况下可能的最小灌溉用水量与实际用水量的比值。

（三）社会网络

Metchell（1969）研究指出社会网络是指个体与个体之间形成的所有正式与非正式的关系，包括个体之间的直接关系和个体通过外部环境交流、共享物质资源而形成的间接关系。学者关于社会网络概念的定义最初来源于社会资本，认为社会网络是社会资本的一部分。Jacobs（1961）在对城市化社区进行研究时将"邻里关系网络"作为社会资本，首次在社会资本理论研究中提出了社会网络的概念，这种将关系网络视作社会资本的研究范式直到现在仍被学者广泛应用。Bourdieu（1986）研究指出社会资本是一种社会资源，并将其与社会网络相联系，认为社会资本是通过网络成员共同熟识或者被网络成员认可而形成的。Coleman（1990）研究认为通过社会网络可以获取信息，对增加个人或集体利益有重要的影响，最早正式提出了社会网络可以作为社会资本的一种表现形式。Putnam（1993）在以往研究基础上进一步对社会资本进行概括和定义，认为社会资本是一种"可以通过协调成员之间行动来提升经济效率的社会网络、规范和信任"，即社会网络、规范和信任是组成社会资本的三种重要因素。总体而言，作为社会资本的重要组成部分，社会网络是通过个体与个体相互交流而形成的关系体系，它与一般的物质资本、人力资本特征相似，其规模受到个体拥有社会资源数量的直接影响。

（四）政府农业技术推广服务

本研究中提到的政府农业技术推广服务（以下简称"推广服务"），是指政府农业技术推广部门向农业生产者提供农业技术、传播技术相关信息以及提供技术服务的过程。推广服务主要包括农业技术产品和农业技术服务两方面，其中前者一般是指物化的农业技术，即包含一定生产技术要素的产品；后者则是指与物化农业技术相配套的服务以及可以独立产生作用的非物化农业技术。需要说明的是，推广服务的概念与农业技术推广的概念存在一定差异，推广服务不仅强调农业技术推广部门要把农业技术传递给农业生产者的过程，还涉及农业生产者各个生产环节，更加注重为农业生产者提供技术信息传播、技术指导、疑难解答和技术咨询等方面的服务。推广服务涉及农业生产者采用技术进行生产的整个过程，为农业新技术在生产中的有效转化提供了保障。

二 理论基础

（一）农户技术采用行为理论

1. 农户技术采用行为内因分析

农户技术采用行为可以阐释为，农户作为理性经济人，在一定约束条件下追寻经济效用最大化的过程，即实现生产目标（利润和产量）的最大化。在新技术扩散过程中，农户采用新技术的临界条件可以用下式表示：

$$\pi = PQG(z) - \sum R(j)X(j) \geq 0 \qquad (2-1)$$

其中，π 表示农户采用新技术的预期利润，P 表示采用新技术后农业产出的预期价格，Q 表示预期产量，$G(z)$ 是采用决策变量的函数，受各因素向量 z 的影响，取值范围为 $0 \sim 1$，$R(j)$ 为农业产出和投入的预期价格，X 为 j 中生产投入 $X(j)$ 的投入向量。农户仅在能够获取预期利润的情况下，即满足预期利润等于零临界条件下，农户才会选择采用农业新技术，此为影响农户技术采用行为的内部因素。

2. 农户技术采用行为的外因分析

一般来讲，农户的经济行为受到内部因素和外部环境的共同影响（Griliches，1957；Martinez，1972；Bhati，1975；Jarvis，1981；Rogers and Shoemaker，1971），影响作用可用函数 $B = f(p, e)$ 表示，其中，B 表示农户的经济行为，p 代表农户内部特征，e 代表外部环境特征。

在农业新技术推广扩散过程中，影响农户采用技术既有推动力因素，也有阻碍力因素，当推动力因素大于阻碍力因素时，农户即会采用新技术，反之，农户则会拒绝采用新技术。学者研究认为农户技术采用行为具有较强的层次性，主要包括以下四个层次：农户认知和态度的改变、农户个体行为的改变、农户群体行为的改变和外部环境的改变（如图 2 - 1 所示）。

图 2 - 1 态度、行为、环境改变关系

第一，农户认知和态度的改变。农户对农业新技术的认知存在一个过程，他们主要通过宣传、培训讲授、咨询和沟通交流等方式获取信息，从而形成对新技术的认知。在形成一定认知的基础上，农户会根据技术采用先驱者经验和自身农业生产经历对技术做出一个初步判断，本质上讲这一过程是农户对技术有所认知后情感态度发生的变化。

第二，农户个体行为的改变。农户个体行为的改变是指农户决定采用农业新技术并付诸实践的过程，这一过程主要受农户技术态度、种植习惯和外部环境的影响。

第三，农户群体行为的改变。农户群体行为的改变是指在某一农村社区中大多数农户开始采用同一种农业新技术。由于社区内不同农户在个体特征、家庭状况和生产经营方面均存在较大的异质性，因此农户群体行为的改变往往存在较大难度或需要很长时间。

第四，外部环境的改变。外部环境是一个十分复杂的系统，包含一系列内容，如政策制度、经济发展水平、基础设施条件、社区环境等方面。农业技术推广可以通过改变农户的技术采用行为从而改变环境。同时，环境的改变反过来也会改变农户的技术认知、态度和采用行为。

第五，影响农户技术采用的障碍因素。阻碍农户技术行为的因素主要有农户自身因素和外部环境因素两方面，前者主要包括农户认知不足、文化水平较低、承担风险能力弱和缺乏投资能力等；后者主要包括技术适应性不强、市场支持不够、基础设施不配套等。

（二）社会网络理论

学者关于社会网络的研究自 20 世纪 30 年代逐渐兴起，并在不同学科背景下不断发展并系统化，但直到 20 世纪末期，由于一些学者在社会网络研究中做出了突出贡献（Bourdieu，1986；Coleman，1988；Putnam，2001），形成了一系列研究成果，社会网络理论才被学术界重视和广泛应用，其中学者研究主要集中在运用相关概念和方法探讨人与人之间的关系、经济与社会之间的关系等方面，其中，较为著名的社会网络理论主要包括以下理论。

1. 网络结构观

网络结构观的主要思想是认为人或组织之间客观存在的纽带关系能够对人的行为产生影响（Granovetter，1973；Lin，1999）。与仅重视个体特征的地位结构观相比，网络结构观具有以下五方面的鲜明特点。第一，网络结构观认为，一个家庭在社会结构中的位置，受到其与其他个体之间关系的影响，关系的规模、强度、性质等均会影响家庭在社会结构中的位置；而地位结构观认为家庭在社会结构中的位置是根据其特征或属性来决定的，比如家庭成员对资源的控制能力、受教育程度等。第二，网络结构观对层级关系进行了考察，且对家庭详细分类；而地位结构观认为家庭仅是一个单独的个体，不必进行分类。第三，网络结构观强调个体家庭与其成员间的社会关系，注重对社会关系和行为进行分析，而地位结构观只关注家庭成员的身份和地位。第四，网络结构观关注的是家庭通过网络关系而形成的能力，认为家庭成员依靠社会网络关系来获取更多的资源，拥有更强的信息和资源获取能力，而地位结构观认为家庭及其成员的发展与社会关系的联系不大，主要依靠自身内部的力量。第五，网络结构观指出个体家庭及成员在社会间的关系是极其复杂的，而地位结构观仅重视家庭成员社会阶层与地位的高低。

2. 弱关系与嵌入理论

美国社会学家格兰诺维特在早期文章《弱关系的强度》中首次提出了弱关系假设，并且依据不同个体间感情的深厚程度、亲密行为、交往时间的长短和是否有互惠行为四个方面，将网络成员之间的关系分为强关系和弱关系。其中，强关系是指网络成员与接触最频繁的人（如亲戚、朋友、同学、同事等）形成的关系，是一种相对稳定和紧密的社会关系，而弱关系的范围更加广泛，网络成员之间往往并不相识，是网络成员与其他个体间存在的一种间接关系。格兰诺维特研究发现，由于强关系一般是在具有相似特征的个体之间发展起来的，个体之间彼此互动频繁，群体内部拥有信息的重复性较高，而弱关系往往涉及不同特征的群体，分布范围较广，不同个体可以拥有不同的资源和信息，因此相对于强关系，弱关系网络在信息的传播与扩散、与外界沟通与交流方面发挥着更大的作用。

此外，格兰诺维特在 1985 年进一步提出了嵌入理论，并指出经济行为的研究主要以社会关系网络为前提，经济行为是嵌入社会网络之中的，并与诸多非经济动机紧密结合在一起。格兰诺维特认为经济行为嵌入社会网络的机制是信任，因为信任来源于社会网络并嵌入其中，经济行为嵌入信任中。嵌入理论的提出，修正了之前学者对经济行为提出的基本假设，将社会网络作为分析个体经济行为的重要因素，为分析和讨论经济行为提供了一种新理论依据，具有重要的现实和理论意义。

3. 社会资源理论

在对格兰诺维特的弱关系假设进行发展和修正的基础上，林南于 1981 年提出了社会资源理论，认为个体通过社会关系可以获取社会网络中的财富、权利和声望等社会资源，而不能由个体直接获取，同时，与强关系相比，弱关系可以使个体获取更多的社会资源。Lin（1990）研究指出个体获取社会资源的能力主要取决于三方面：一是个体在网络中的社会地位，通常来说，社会地位或阶层越高的网络成员更有可能拥有更多的社会资源；二是个体社会网络的异质性，网络中不同的个体阶层拥有不同的资源，在异质性大的网络中个体间交易和行动更容易达成；三是个体成员与社会网络其他成员间关系的强弱，弱关系网络规模更大，在摄取社会资源方面比强关系网络更有效。

4. 结构洞

Burt（1992）研究指出，家庭社会关系网络的规模不能决定其是否能从社会中获取良好的资源。社会网络结构分为"有洞结构"和"无洞结构"，"有洞结构"是指个别或部分家庭缺乏或失去了与其他家庭的联系，就像一张渔网上面总有洞；"无洞结构"是指个体家庭与其他家庭都保持着密切的来往关系，如果把每个家庭比作一个基点，则每个基点间都存在联系。"无洞结构"能够帮助个体从社会网络中获取更多的资源，与"有洞结构"相比，在获取信息与行为控制方面更具优势。Burt（1992）研究中进一步提出了网络中心性的概念，认为成员在其社会网络中所处位置的中心性表明了成员的重要程度和权利大小。Brass 和 Burkhardt（1993）研究中也证实了上述结论，认为与位于网络边缘位置的个体相比，位于中心位置的个体可以获得更多的信息资源。此外，Freeman（1977）构建了网络中心性的测度指标，认为应该从居间度、密切度和广泛度三个维度对网络中心性进行测度。

5. "差序格局"理论和"人情与面子"理论

中国传统社会的人际关系和社会结构以血缘、地缘为纽带在乡土社会进行重塑，即社会网络依托乡土社会固有的血缘、地缘对权利、地位、财产、婚姻等社会稀缺资源进行有序配置。区别于西方社会的"团体格局"和"个人主义"，这种社会资源配置主要有两方面特点：从资源获取角度来说，乡土社会网络资源更多依赖于集体禀赋而非团体构建，社会资源的获取不需要组织机构、规章制度等外围框架，而表现为特定地域、亲疏远近关系的"天然资本"；从资源配置角度来说，社会网络资源配置并非遵循"个人主义"，无限度追求个人利益最大化，而是以己为中心的"自我主义"，依据社会网络亲疏、厚薄、远近进行社会资源高效配置。而这种社会资源配置模式就是费孝通（1948）在《乡土中国》中提到的"差序格局"理论。

在"集体"思维与行为的社会规范引导下，黄光国（1985）认为中国人的人际关系模式与社会主流价值趋同，表达出集体主义倾向；这种人际关系模式的重构、运行都依赖于中国社会特有的人情、面子和关系等社会元素。黄光国（2010）进一步提出"人情与面子"理论，认为社会个体和网络中的其他成员间的关系主要有情感型、工具型和混合型三种类型，并在进行社会资源配置时受到中国传统文化和儒家思想的影响。其中，情感型关系用以满足个体安全感、归属感等情感需求，通常是在家庭成员间形成的，这种关系是长久而稳定的，强调在差序结构社会关系中，家族情感元素对于维系人际和谐和社会秩序的重要性；情感型关系按照需求法则进行资源配置，当代价高于预期回报时，亲情困境则是关系维度的最大张力。工具型关系则排斥情感元素，在个体与其他社会成员交往中按照客观公平法则进行判断，从而做出对行为人最有力的决策；作为情感型关系的对立面，工具型关系维系是短暂的，其构建并非依赖于社会规范和个人规范，关系维度的最大张力是彼此利益的平衡点。混合型关系则介于以上两种关系中间，受人情与面子的影响，双方彼此认识具有某种程度的情感关系；但是这种关系并未表现出主要团体那样的随意真诚行为，交易法则为人情法则，混合型关系维度的最大张力就是关系人所面临的人情困境。

在国内外有关社会网络理论的研究中，学者围绕"关系"这个切入点展开了大量有益的研究，拓展了社会网络理论的内涵和结构。但是，考虑到文化背景、社会制度和体制机制的异质性，国内外研究方向呈现不同的发展态势。国外社会网络理论研究是建立在市场经济体制发展的基础上的，随着市场经济体制顺利推进，社会网络理论与现存经济社会制度并行发展、相得益彰；而在中国，计划经济体制的历史动因、城乡二元结构的社会框架、小农生产主导的经营模式均加重了"关系"在维系社会中的作用，制度力量被边缘化。随着中国市场经济体制改革深入开展，社会网络在一定程度上对我国市场化发展、制度完善和规范运行起到了抑制作用，从而使网络成员在某些情形下只能寻求"关系"来维护和保障个体的利益。

（三）农业技术推广相关理论

1. 农业技术扩散理论

农业技术扩散理论可以分为针对农户个体和农户集体技术采用过程的研究两个方面。在农户个体研究方面，学者基于心理学和行为学视角将农户技术采用过程划分为四个阶段。一是认知阶段，此阶段中农户会通过多种渠道获取与农业技术相关的信息，并综合获取的信息对农业新技术做出一个初步的评价。二是兴趣阶段，当农户认为应用农业新技术会获取额外利润时，此阶段中他们就会对新技术产生兴趣。三是决策和试采用阶段，在此阶段中农户会根据前期获取的各类信息对新技术的特性、采用难易程度、采用效果等方面进行全面的判断，最终根据自身预期的成本收益水平做出是否采用新技术的决策。然而，初次采用新技术的农户由于资金缺乏、技术不确定性等因素，当农户决定采用新技术时，在信心不足、资金不足、害怕风险等因素的影响下，往往采用小规模尝试的方式。四是确认阶段，当农户对技术试采用经历感到满意时，他们会进一步认可该技术，并根据自身能力和资源禀赋状况确定合适的采用规模。以上技术采用阶段在大量研究中已经得到证实（Mason，1963；Beal and Rogers，1960）。

在农业技术扩散的农户集体研究方面，学者研究发现新技术采用时间与采用者人数之间的关系呈正态分布，如图 2 - 2 所示。根据农业新技术采用的先后顺序，将农户分为采用先驱者（占比 2.5%）、早期采用者（占比 13.5%）、早期多数（占比 34%）、后期多数（占比 34%）和落后者（占比 16%）五大类。

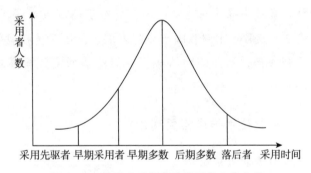

图 2 - 2　新技术采用者分类及其分布曲线

农户集体采用新技术的过程通常也用"传染模型"来表示，从早期采用者开始，逐渐过渡到大量的采用者，最后到晚期采用者，呈"S"形曲线。这一新技术扩散过程可以用以下数学公式表达：

$$\mathrm{d}x(t)/\mathrm{d}t = \beta x(t)[1 - x(t)] \qquad (2-2)$$

其中，β 是一个常数，对上式微分可得：

$$x(t) = 1/[1 + \exp(-d - \beta t)] \qquad (2-3)$$

其中，$x(t)$ 代表潜在采用农户的比例，$\mathrm{d}x(t)/\mathrm{d}t$ 代表新技术

扩散的速率。

　　根据以上方程做出的曲线呈"S"形，描述了农业新技术扩散的规律，即"传染模型"。在此曲线中，β 是曲线上升的斜率，表示新技术扩散速度的常数，从中可以看出农业技术扩散速度先是上升，到达拐点后逐渐下降。此外，一些学者研究表明，存在一些农业新技术扩散过程呈"J"形曲线（如图 2-3 所示），即最初一段时间内技术采纳速率一直徘徊不升，但到了后期会快速上升。

　　"S"形曲线是典型的技术扩散理论曲线，表示在没有政府技术干预、技术推广诱导和外界支持等外部力量的作用下，新技术采用决策完全取决于农户间的人际交流。此外，一些学者研究发现不同类型农业技术起始的传播势力对其扩散速度有重要影响，因此，在对农业技术推广进行研究时，要重视技术初始推广阶段的传播势力，将影响"S"形曲线变化规律的影响因素考虑在内。

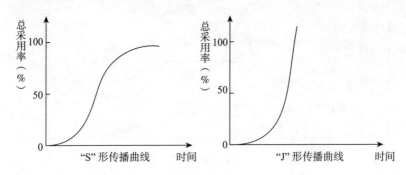

图 2-3　两种类型农业技术推广扩散曲线

　　2. 农业技术推广框架理论

　　农业技术推广框架理论也可以被称为农业技术推广框架模型，其所包含的基本内容可以用框架原理图来表示，如图 2-4 所示。

　　从框架原理图可以看出，农业技术推广服务是一个完整的系统，其中包含了推广服务系统和目标农户系统两个基本的子系统。推广服务系统是由农业技术推广组织、农业技术推广人员以及他们所处的农业技术推广组织环境组成的，目标农户系统是由农户、农业社区结构以及农村社区环境组成的。这两个子系统通过沟通与互动相互联系。以上两个子系统双向沟通中的信息和沟通是指农业技术推广扩散的内容和方式，也是农业技术推广扩散过程中的两大要素，共同决定了农业技术推广扩散的效率。同时，农业技术推广工作的展开离不开其所在的外部环境，外部环境（主要包括经济环境、社会文化环境、政治法律环境、农村社区环境等）对农业技术推广服务系统有着重要影响，同时对两个子系统之间相互作用与工作绩效有着直接或间接的影响。由此可以看出，农业技术推广的内容、方式和外部环境均对农业技术推广扩散有着重要影响。

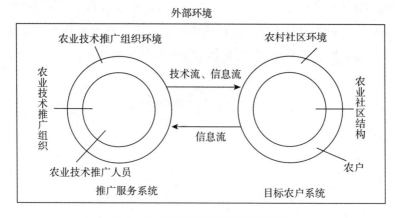

图 2 - 4 农业技术推广框架原理图

此外，农业技术推广框架理论认为，推广服务系统是农业技术推广框架理论的核心系统，它会诱导目标农户系统行为的改变。农业技术推广运行机制的效率主要受以下两方面的影响：一是农业技术推广组织的工作效率及其所处外部环境的优劣；二是农业技术推广人员本身的素质水平。而目标农户系统接受农业技术推广服务的效率也主要取决于两方面：一是农户个体的特征和素质；二是农户及家庭所处的外部环境。同时，目标农户系统在农业技术推广框架理论中也处于非常重要的位置，具体表现在农业技术推广组织沟通、交流并干预活动的目标是目标农户系统，且推广方法和策略的制定要根据和满足目标农户系统的需求。

3. 农业踏板理论

农业技术的采用过程均可以被分为认知、兴趣、评价、尝试和采用五个阶段。由于不同阶段直接存在时间的承接性，因此同一技术不同农户的采用时间可能存在差异。具体来说，对生产风险承受力较高或风险偏好的农户会首先采用农业新技术，随着技术采用出现溢出效应，农业新技术不断被采用者向外传播，最终农业新技术实现了普及和进步。学者按技术采用的时间顺序将农户分为技术的主动采用者、跟进采用者和被动采用者。值得说明的是，农业新技术对农产品供给有重要影响，一般来讲，随着农业新技术不断被农户采用，农产品产量也会随之提高，在消费者需求数量长期保持不变或变化不大的条件下，农产品的价格会随之下降，因此农业新技术本身带来的额外利润被消减，最终导致农户转向采用其他农业技术。以上农业新技术变迁革新的循环和递进过程就是农业踏板理论的原理。

农业踏板理论作为新技术采用和革新变迁的模式，可以为当前农业技术推广机制的完善提供以下方面的借鉴。

第一，农业踏板理论阐述的是市场竞争条件下农户对农业新技术的自愿采用行为，市场竞争压力推动了一部分农户率先采用新技术以获得超额收益。农业新技术作为市场中的一类商品，它具有的使用价值可以满足农户生产需求，实现了农业技术需求和供给的高度契合。

第二，从农户个体层面来看，农户对农业新技术采用是由众多因素决定的，如农户的生产经营状况、风险态度、资源禀赋条件、技术信息水平、技术推广情况等。同时农业新技术本身的特性和功能也是影响农户技术采用的关键因素，这为本书探究不同农户技术采用行为及影响因素提供了理论基础。此外，农户对农业新技术的采用均是基于成本收益分析的基础上，不同技术类型、风险态度等因素对农户成本收益的评价也具有重要作用，因此政府技术推广部门应该根据这些影响针对不同技术、不同农户类型提供差异化的推广服务。

第三，农业踏板理论阐释了市场经济条件下农户技术选择的过程，并进一步说明了农户分化是如何形成的。具体来讲，可以接受并承担技术采用风险的农户通过率先采用新技术获得了一定的额外收益，这部分农户可以进一步扩大生产规模、总结生产经验并提升抵御风险的能力，而最后采用新技术的农户采用技术所获得的收益无法达到平均水平，他们会选择转向机会成本较小的其他行业，这些农户最终会退出农业生产，他们的土地也会通过土地流转流入其他农户手中，这就为新型农业经营主体的发展提供了基础和保障。

三　机理分析

（一）农户节水灌溉技术采用阶段划分

农户节水灌溉技术采用是指农户通过对某项节水灌溉技术进行了解、评价和掌握后将技术投入农业生产的动态过程。从微观层面来看，农户节水灌溉技术采用过程表现为农户个体行为改变的过程；从宏观层面来看，农户节水灌溉技术采用过程表现为技术采用人数和采用规模的逐步增加。关于微观个体技术采用过程划分的理论主要有创新决策过程理论和技术采用过程模型。

1. Rogers 的创新决策过程模型

在创新决策理论中，Rogers 研究认为创新决策过程主要包括以下五个连续阶段：第一个阶段是认知阶段，农户在这一阶段会通过多种渠道和途径获取某种农业技术的相关信息，并对农业技术的特征、作用功能和使用方法等进行初步了解；第二个阶段是说服阶段，在这一阶段，农户通过收集技术相关资料或向他人（如农技员、种植大户、技术采用户等）咨询请教来获取更多的技术信息，以便掌握新技术的技术原理和具体操作方法等，从而降低技术采用风险；第三个阶段是决策阶段，农户在这一阶段主要根据前期收集和掌握的技术信息做出是否采用该新技术的决策；第四个阶段是实施阶段，在这一阶段，农户会通过小规模试采用新技术，从而对新技术做出评价，进一步降低了未来技术采用带来的不确定性；最后一个阶段是确认阶段，在这一阶段，农户会根据前期试采用技术掌握的信息（如技术适应性、技术效果、技术采用方便程度等）做出是否采用新技术的决策。创新决策过程的具体阶段如图 2－5 所示。然而在实践中，并不是每项新技术的采用都经历这五个阶段，个体的决策行为可能跨越一个或多个阶段。

图 2－5　Rogers 创新决策过程模型

2. Spence 技术采用过程模型

Spence（1994）认为技术采用主要包括认知、兴趣、评价、尝试和采用或拒绝（或寻找替代选择）五个阶段（如图 2－6 所示）。与 Rogers 的创新决策理论相似，Spence 认为个体采用新技术时首先要收集与新技术相关的信息，形成对该技术的认知，进而对新技术的特征、作用进行评价，形成对新技术是否感兴趣的心理暗示，并进行小规模技术采用尝试。在个体经过采用尝试后，会根据采用情况形成对技术的满意度，最终做出技术采用选择：如果对技术尝试采用经历满意个体会采用该技术，如果不满意个体会拒绝采用该技术或寻找替代技术。

图 2 – 6　Spence 技术采用过程模型

与 Rogers 创新决策过程模型不同的是，Spence 的技术采用过程模型中多了一个尝试阶段，即认为个体在技术初次采用时，由于技术风险和不确定性，往往较小规模地尝试采用新技术，这更加贴近现实中的技术采用情况；此外，Spence 的模型中明确提出了尝试采用技术的个体要对技术做出评价，如果满意度较高，个体才会大规模采用该技术，如果满意度较低，则会拒绝采用该技术或选择其他替代技术。

3. 农户节水灌溉技术采用过程模型

本研究借鉴 Rogers 创新决策过程模型与 Spence 技术采用过程模型，结合节水灌溉技术采用的具体特征，在农户认知基础上，将农户节水灌溉技术采用行为过程划分为信息获取、采用决策、实际采用与采用调整四个阶段，如图 2 – 7 所示。农户从最初的采用决策到最终技术采用状态需要经历一个复杂的心理和行为变化过程，具体而言，农户首先要对节水灌溉技术有所了解，具有一定的认知水平，在对技术感兴趣的情况下，农户会通过各种渠道获取相关技术信息，并对获取的信息进行评价，对节水灌溉技术进行评估，估计技术采用预期，从而做出采用决策。在农户做出采用决策后，由于对技术采用风险和未来预期的不确定性，农户可能并不会在其全部土地上采用节水灌溉技术，而是尝试采用某一技术，即农户在采用面积、采用率和投资水平等方面可能存在较大差异，不同农户实际技术采用状况并不相同。进一步，农户会根据自身的技术采用情况积累采用经验，同时通过社会学习来逐步改变对技术的认知水平，降低技术采用风险和预期的不确定性，优化投入产出结构和做出未来技术采用的调整。

图 2 - 7　节水灌溉技术采用过程模型

（二）农户节水灌溉技术采用行为的机理分析

1. 农户节水灌溉技术采用行为的经济学机理

作为理性人，农户的节水灌溉技术采用行为是其综合考虑各种内部和外部因素，对技术采用预期收益和成本进行充分衡量做出的一项理性决策。农户节水灌溉技术采用决策的经济基础为预期利润最大化，即农户决定采用一项节水灌溉技术时，主要考虑采用技术带来的总利润和总成本两个方面，运用经济学公式表达如下：

$$预期利润 = 总收入 - 总成本 = P \times Q - C \qquad (2-4)$$

其中，P 为农户采用节水灌溉技术时的农产品价格，Q 为农户采用节水灌溉技术时的农产品产量，C 为农户采用节水灌溉技术时的投入成本，包括资金、劳动力投入等。

从上述公式可以看出，农户实现预期利润最大化可以通过两种方式，一是通过提高生产收益，二是通过降低投入成本。其中提高生产收益可以通过提高农产品价格或产量来实现，即农户作为理性个体，为了实现其自身利益最大化，为了提高农产品价格必然会倾向于选择能够提高农产品品质的技术，同时为了在有限资源条件下获取更多的农产品，农户还会倾向于选择有利于增加农产品产量的技术。在降低投入成本方面，农户倾向于选择投入成本少的技术，因为只有成本减少了，农户才能实现利润的增加。

随着现代农业技术的不断发展，节水灌溉技术种类繁多，技术逐步趋于成熟。在实际农业生产中农户如何选择灌溉技术取决于农户对多种技术的比较和评估。理论上来讲，农户以追求利润最大化为原则，对各种灌溉技术采用成本和预期收益做出评估，最终做出采用决策。然而在此过程中，农户行为必然会受到其自身特征因素、家庭经营特征、技术认知和外部环境因素的影响，因此探究农户节水灌溉技术采用行为的影响因素，明确这些因素对农户技术采用行为的作用机理至关重要。

2. 农户节水灌溉技术采用行为影响因素分析

农户农业新技术采用是其心理和行为变化的动态过程，在此期间会受到诸多因素的影响，主要包括促进农户技术采用的驱动因素和制约农户技术采用的阻碍因素。当驱动因素的作用大于阻碍因素的作用时，农户就会采用该新技术，同理，当阻碍因素的作用大于驱动因素的作用时，农户就会放弃采用该技术。总结概括现有对农户技术采用行为的研究成果，可大致将驱动农户技术采用的因素归纳为新技术本身特性效果好、外部经济发展环境良好、政策环境的支持、配套服务的改善和社会网络丰富等方面，阻碍农户技术采用的因素可归纳为新技术自身水平较低、经济条件差、信息传播受限、配套资源短缺、发展观念落后等方面。在实践中，以上驱动因素和阻碍因素都与农户个体特征与所在环境密切相关，即技术采用行为会受到农户内部条件和外部环境的影响。其中，内部条件主要为农户个体特征，如性别、年龄、文化水平、家庭经济条件、经营管理能力、家庭资源禀赋等方面，外部环境主要包括技术供给环境、政策制度环境、农业信贷水平、技术推广服务、配套设施建设和地理环境等方面。

（1）农户个体特征因素。①年龄。作为农户个体基本特征之一，农户年龄对其节水灌溉技术采用行为具有显著的影响。不少学者认为农户年龄越大，其采用节水灌溉技术的意愿越会受到传统灌溉方式的制约（刘红梅等，2008；陆文聪、余安，2011；国亮、侯军岐，2011），原因在于年龄大的农户通常对水资源短缺问题缺少认知，同时对节水灌溉等先进技术缺乏了解，因此造成了节水灌溉技术采用率较低。然而，也有学者研究认为，随着农户年龄的增长，其农业种植经验会越丰富，对农业生产面临干旱风险的认知越高，为了避免干旱带来的收入损失，农户采用节水灌溉的可能性越高（朱丽娟、向会娟，2012）。此外，满明俊等（2010）研究表明，年龄在40~50岁的农户在政府激励和引导的作用下更倾向于采用节水灌溉技术。

②性别。作为农户个体的另一基本特征，性别对农户技术采用行为的影响尚未有一致性结论。通常研究认为男性作为一家之主，在家庭中处于主导地位，对家庭的生产经营事宜具有决策权，同时，与女性相比，男性与外部交流更加频繁，对农业新技术的了解和掌握程度更深，因此男性农户可能更倾向于采用节水灌溉技术。然而，目前针对滴灌和微灌等节水灌溉技术采用的研究表明，性别因素的影响并不显著。

③受教育程度。农户受教育程度是影响其节水灌溉技术采用行为的一个重要因素。通常研究认为，农户受教育程度越高，其对新事物的理解和接受能力越强，排斥程度也会越低，越倾向于采用节水灌溉技术。然而也有研究表明，受教育程度高的农户会由于节水灌溉技术采用所产生的高成本而放弃采用技术，转向其他非农行业发展，而受教育程度较低的农户受其文化层次的影响只能致力于农业生产，因此受教育程度低的农户采用节水灌溉技术的意愿高。

④是否为村干部。农户是否为村干部对其节水灌溉技术采用行为也具有重要的影响。通常来讲，与普通农户相比，村干部一般拥有较为丰富的社会资源与人脉关系，视野较为开阔，对新事物的接受程度也会更高；同时，村干部也是村庄的领导者，其自身生产经营行为对其他农户起到了带动作用，因此在农业新技术推广阶段，为了起到良好的示范作用，村干部更倾向于采用新技

术。此外，有研究认为由于村干部自身业务较多，并没有精力来学习新技术，且村干部自身务农程度可能较低，因而对节水灌溉技术采用程度并不高。

（2）家庭生产经营特征。①水资源短缺程度。作为农户农业生产经营的外部自然因素，水资源短缺程度对农户节水灌溉技术采用具有重要的影响。实地调研发现，即使在同一区域内，不同农户对当地水资源稀缺程度的感知也存在较大差异。理论上认为对水资源短缺程度有正确的认知、具有节水意识的农户更倾向于采用节水灌溉技术。同时，水资源越短缺的地区农户农业生产面临的干旱风险越高，更多的农户会选择采用节水灌溉技术以防止农业用水无法保障，从而减少干旱带来的损失。

②家庭生产经营规模。由于节水灌溉的输水管道往往连片铺设，因此节水灌溉技术的采用往往要求耕地具有一定的规模，而农户家庭耕地规模较小或较为分散的农户往往由于铺设成本高或采用不方便等问题放弃采用技术。一般来说，农户家庭耕地面积越大，采用节水灌溉技术产生的规模效应越明显，农户采用的可能性越高。但也有学者研究认为农户家庭耕地面积越大，采用节水灌溉技术前期投入的成本越高，成本过高也会制约农户节水灌溉技术采用。

③家庭经济水平。节水灌溉技术属于资本密集型技术，节水灌溉工程的建设需要投入大量的资金。目前我国节水灌溉主要工程部分大多由国家投资建设，农户仅需要在采用端铺设管道或购买相关设备。因此，农户家庭的经济状况对节水灌溉技术的选择也存在一定程度的影响。家庭收入水平高、资金充足的农户选择采用节水灌溉技术的积极性也越高。但也有学者研究发现，农户的年均纯收入对其节水灌溉技术采用行为的影响并不显著（国亮、侯军岐，2012；王昱等，2012），原因可能在于年均收入高的农户抵抗风险的能力也高，可以承担干旱等自然灾害带来的经

济损失，因此对节水灌溉技术的采用需求较低，采用技术的可能性也较小。

④家庭兼业程度。随着兼业农户比重的增多，越来越多的农户从事非农业产业，降低了农户对节水灌溉技术采用的积极性。李南田和朱明芬（2000）、满明俊等（2010）研究发现农户家庭兼业程度与其技术选择之间呈"倒U形"关系，当农户家庭兼业程度较高时，农户对农业生产的依赖程度较小，不期望从农业生产中获得较高收入，因此并不会投入更多的成本采用节水灌溉技术；而兼业程度过低的家庭，对农业生产依赖程度很高，农业是其家庭收入的主要来源，为了规避新技术采用带来的风险，农户采用节水灌溉技术的可能性也较低。

⑤家庭农业劳动力占比。一般研究认为，农户家庭农业劳动力占总人口的比重越大，家庭从事农业生产的人数越多，家庭越倾向于采用节水灌溉技术。但也有学者研究得出了相反的结论，由于节水灌溉技术具有节省劳动力的功能，因此在农村大量劳动力外流的情况下，农业劳动力较少的家庭会选择采用节水灌溉技术。

（3）技术认知特征。农户对节水灌溉技术的认知是影响其技术采用行为的重要因素。朱丽娟和向会娟（2011）、黄玉祥等（2012）、徐涛等（2018）等研究发现大部分农户对节水灌溉技术认知程度较低，并不能充分认识到技术的优越性和实施的必要性，因此农户的技术采用意愿较低，从而影响了节水灌溉技术的有效推广和实施。农户技术认知包括众多方面，如对节水灌溉技术本身特性的认知、对节水灌溉技术实施环境的认知、对节水灌溉推广制度和国家节水灌溉技术推广相关政策的认知等。这些认知情况在一定程度上对农户技术采用意愿产生了影响，最终决定了农户的技术采用行为。

（4）政策制度特征因素。①政府补贴。节水灌溉技术（如喷灌、微灌、低压管灌）是资本密集型技术，前期建设需要投入大量资金，仅靠农户自身力量是难以承担的，同时节水灌溉技术具有较强的外部效应，客观上要求政府给予农户一定的资金或技术设备支持（徐涛等，2016）。一般认为，政府对农户的补贴力度越大，农户采用节水灌溉技术的可能性越高。刘军第等（2012）研究表明，当政府补贴标准不低于农户节水灌溉技术投入的成本时，农户才会选择采用该技术。满明俊等（2010）研究指出，与仅提供免费设施相比，政府给予农户资金和配套设施补贴更能激励农户采用节水灌溉技术。

②农业贷款。资金不足是限制农户新技术采用的重要因素，而农业贷款的可获性有利于缓解采用新技术带来的资金缺乏，因此农业贷款在一定程度上对农户技术采用行为存在影响。同时学者研究认为，对农业贷款期望越高的农户越希望通过贷款获取经济来源，以满足采用节水灌溉技术的前期投入和后期维护成本，因而对农业贷款的期望和可获得性对农户采用节水灌溉技术具有重要影响。

③水费计价和征收方式。在农业水价较低的情况下，农户节约用水意识淡薄，灌溉用水量毫无节制，浪费水现象尤为严重。制定合理的水价和水费征收方式有利于促进农户的节水行为，遏制灌溉用水浪费现象，最终提高节水灌溉技术的采用率。

④用水者协会的作用。目前不少关于节水灌溉技术采用的研究考察了用水者协会对农户技术采用行为的影响。作为农户参与水资源管理的一种模式，一些研究认为用水者协会在农户节水灌溉技术采用中发挥激励作用。然而在实地调查研究中发现，目前我国农村用水者协会成立的时间均较短，大多由行政力量推动建立，农户对协会职能并不清楚，目前农村农户用水者协会仅在渠道维护、水费收取和水量分配等方面起到一定作用，对农户节水灌溉技术采用行为的影响并不显著。

（5）信息环境特征因素。①技术培训。节水灌溉技术培训可以为农户提供节水灌溉技术信息，帮助农户更好地了解技术特性，掌握技术操作技能，提高农户对技术的使用和管理能力。通常认为，农户参加节水灌溉技术培训越频繁，对技术特征、功能及使用方法的了解和掌握程度越高，其技术采用积极性也会越高。

②示范户。目前研究表明政府农业技术推广服务仍存在诸多问题，仅靠农机人员进行技术推广示范具有一定的局限性。在节水灌溉技术推广过程中，政府给予的资金、设备和技术指导首先分农户（一般为种植大户、种粮能手等）进行推广，这些农户即为技术推广示范户，推广组织通过他们实际采用节水灌溉技术取得的收益来证明技术的优越性。示范户可以促进村庄内有关节水灌溉技术信息的流通与传播，同时对其他农户技术采用具有较强的说服力和示范效应，因此目前有关推广方式的研究往往将示范户模式作为除了政府技术推广组织外的影响农业技术推广和采用的一种重要模式。

③信息获取渠道。农户获取节水灌溉技术相关信息的多少决定了其对节水灌溉技术的认知和态度，从而影响了其技术采用行为。Negatu 和 Parikh（1999）研究发现，农户只有在掌握了充分的技术信息并且对预期收益有把握的情况下，才会选择采用这项技术。一些研究认为目前农户主要通过村广播、电视等媒体渠道获取节水灌溉技术的相关信息。通常认为农户信息获取渠道越多，农户对节水灌溉技术越了解，越倾向于采用节水灌溉技术。而李俊利和张俊飚（2011）研究认为，农户信息获取渠道越多，越增大了农户分辨信息真假的成本，不利于农户做出理性判断和正确的选择，在一定程度上阻碍了农户节水灌溉技术采用行为。

3. 农户节水灌溉技术采用行为的理论分析框架

影响农户节水灌溉技术采用的因素众多，不同学者针对不同研究区域进行了研究，同一影响因素的影响效果在不同区域可能存在较大差异，学者研究结论也不尽一致。因此，分析农户节水灌溉技术采用行为的影响因素，应该结合研究区域实际情况，从而做到因地制宜地推广技术，最终实现水资源的合理配置与可持续利用。

在以往研究中，成本收益是影响农户新技术采用的重要因素。然而，由于节水灌溉技术工程实施过程较为复杂，投资较大，且具有较强的外部效益，目前节水灌溉技术实施过程中大多数节水灌溉设备由政府投资、安装，农户在技术采用过程中投资较少，仅少数农户家庭会投入劳动力或分担少量设备成本（如更换滴管或阀门开关以及日常维修维护费用等）。同时，实地调查发现，同一区域内农户成本收益变化方面的异质性较小，而农户节水灌溉技术采用行为却存在较大差异，如一些农户多年来一直在采用节水灌溉技术，一些农户却在首次采用后自动放弃。因此本研究基于目前节水灌溉技术补偿的政策背景，主要考察农户异质性因素和外部因素对其节水灌溉技术采用行为的影响。

在已有文献研究和理论指导下，本研究认为有限的信息渠道是制约农户节水灌溉技术采用的重要因素，社会网络和农业技术推广服务作为农户获取技术信息的两种渠道，在节水灌溉技术采用过程中发挥着重要作用。在将农户节水灌溉技术采用过程划分为不同阶段的基础上，将社会网络和农业技术推广服务纳入分析框架，同时考虑农户个体特征、认知特征、经营特征和环境特征等因素，探究社会网络、农业技术推广服务在农户技术信息获取、采用决策、实际采用和采用调整行为等阶段的影响，具体研究框架如图2-8所示。

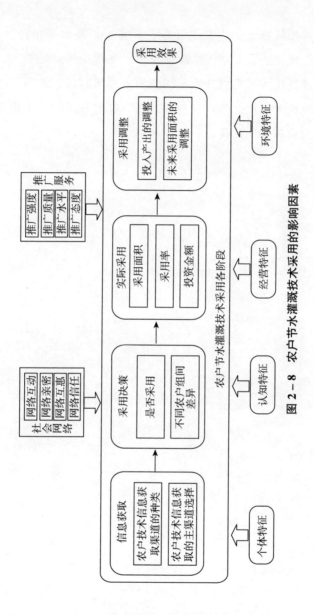

图 2 - 8 农户节水灌溉技术采用的影响因素

四 本章小结

研究对象的界定和理论分析框架的构建是本书研究的基础。本章厘清了节水灌溉技术采用、农户社会网络、政府农业技术推广服务等相关概念的内涵与外延，并在农户技术采用行为理论、社会网络理论、农业技术扩散理论等多维理论体系指导下，将农户节水灌溉技术采用划分为不同的技术采用阶段，阐明了社会网络与农业技术推广服务对农户节水灌溉技术采用的作用机理，为后文研究奠定了理论基础。

第三章◀

节水灌溉技术推广与采用现状分析

第二章对本研究中的主要概念主体、理论基础和研究机理进行了详细的阐述，本章将回顾我国节水灌溉技术发展的历史沿革与未来趋势，介绍研究所用的数据来源与样本确定，并对样本区域内节水灌溉技术推广和农户技术采用的现状进行统计分析，总结样本区域内节水灌溉技术推广和采用过程中存在的主要问题，为后文研究奠定现实基础。

一 我国节水灌溉技术发展的历史沿革与发展趋势

（一）节水灌溉技术的历史沿革

我国节水灌溉技术发展的历程基本上与农田水利建设的历程相一致。不同阶段节水灌溉技术的发展呈现不同的特征，从最初的农田水利快速兴建，到农田水利管理水平的提升，再到水资源利用效率的提高、高效节水灌溉技术的大规模推广，每个阶段国家和政府都在致力于合理利用水资源，提高灌溉用水效率以及促进农业可持续发展。从中华人民共和国成立到21世纪，我国农田水利工程建设与节水灌溉技术发展主要经历了以下三个阶段。

1. 水利工程建设快速发展时期

中华人民共和国成立以后，国家百废待兴，水利工程建设作为基础建设的重点，国家对其发展给予了高度重视，将水利建设与农业生产摆到了基础设施建设的首要位置，水利投资大幅度增加，水利工程建设步伐明显加快。在此过程中，节水灌溉工程建设和技术发展情况主要表现出以下特征：农田水利建设不断加强，灌溉用水利用率逐步提升；国家重点建设水利工程，节水灌溉技术推广较为缓慢；农业节水意识逐渐萌发，但节水效率较低。这一时期大致发展历程如下。

（1）大规模兴建农田水利工程阶段。1949 年以后，国家高度重视水利工程建设，花费了大量资金和劳动力兴建农田水利工程，在这一时期内全国各地建成了大批水利工程，灌溉基础设施得以完善，农田灌溉面积迅速增加，农田水利工程的大规模兴建有效提高了水资源利用率，为我国水利事业的发展奠定了良好基础。

1949～1957 年，农田水利建设的主要任务是河道疏通、水库渠道建设和堤坝建设等，群众积极投入兴建农田水利工程的建设当中，此时期我国灌溉面积约 4 亿亩，防旱抗洪的能力得到提高，也提高了农民的生产积极性。但在 1958～1978 年的 20 年间，我国农田水利工程建设也经历了特殊的历史时期，国家掀起了大规模的建设高潮，农田水利建设也进入了空前繁荣时期。受当时"大跃进"和"浮夸风"等社会背景的影响，这一时期虽然建成了众多农田水利工程，但往往存在质量问题，同时农田水利工程的管理水平也相对落后，节水灌溉技术的推行和发展更是处于落后阶段。然而即使这样，这一时期的农业水利建设仍发挥了一定作用，对农田灌溉事业有所贡献，主要表现在我国农田有效灌溉面积不断增加，灌溉用水量得以减少，农田灌溉基本得以保证，为后期我国节水灌溉的发展奠定了一定的基础。

表 3-1 中呈现了这一阶段我国水利工程建设取得的成效。从表 3-1 中可以看出，1949～1980 年，我国农业用水量由 100.1 万

立方米逐年增加到 391.2 万立方米，占全国用水比例由 96.3% 逐年减少到了 87.8%；同时，灌溉用水量由 95.6 万立方米逐年增加到了 357.4 万立方米，占全国用水比例由 92.0% 逐年减少到 80.5%，且灌溉用水减少的比例相对较大。有效灌溉面积由 1949 年的 0.239 万亩逐年增加到 0.733 万亩，灌溉量增加缓慢，但粮食总产量不断提高。以上数据表明农田水利工程建设在节约农业灌溉用水方面具有重大作用，不仅可以使农业水资源利用效率得以提升，还能够保障粮食生产，提高产量。

表 3-1　1949～1980 年农业用水量、农田灌溉水利的相关统计指标

年份	灌溉用水量 (10^3 立方米)	农业用水量 (10^3 立方米)	占全国用水比例（%）		灌溉量及有效面积		粮食总产量（万吨）
			灌溉	农业	(10^3 亩)	(10^3 亩)	
1949	956	1001	92.0	96.3	398	2.39	11318
1957	1853	1938	90.0	94.1	494	3.75	19505
1965	2350	2545	85.0	92.0	489	4.81	19453
1970	2700	3000	81.0	90.0	500	5.40	23996
1980	3574	3912	80.5	87.8	512	7.33	32056

资料来源：《中国节水农业理论与实践》。

（2）节水灌溉技术推行缓慢阶段。1949～1980 年，我国的农田水利建设注重外延式发展，多种类型的灌溉工程得以发展的同时，节水灌溉的理念逐渐萌芽，在灌溉工程建设及管理过程中也以提高水资源利用效率为目标。然而，尽管生产实践中多种形式的节水灌溉技术（如沟灌、畦灌、渠道防渗等）得到推广，但节水技术依然单一，节水效果仍然不显著。在渠道防渗技术方面，先后推行了多种技术，比如各种土防渗技术，石砌、地膜防渗技术等。在灌溉方式方面，从粗放式灌溉向集约式灌溉转变，在南方地区大力实施"新法泡田与浅水灌溉"，而北方干旱区积极采

用沟灌和畦灌等。此外，通过在田间地头建设灌溉试验基地对不同作物对水的需求特性与消耗规律进行研究，建立主要粮食作物与经济作物灌溉制度。结合作物需水特性，同时考虑区域水资源状况和种植计划，推行有序用水，制定用水制度，有效管控蓄水资源利用情况，调整用水紊乱状态。计划用水在制定灌溉制度及推选管理负责人时，按照"统、算、配、灌、定、量"六个环节的要求进行，并根据作物相应的灌溉制度和灌溉技术进行灌溉。以上农田灌溉方面的转变对推广节水灌溉技术具有重要作用，可以说是这一时期最有效的节水灌溉技术。

总之，这一时段，由于我国经济水平有限、农业产出效率低下以及水资源短缺问题并不突出等因素的影响，灌溉用水的供求矛盾并不严重，同时，由于对节水灌溉技术认知的缺乏以及经济条件的限制，这一水利建设阶段的主要目的是扩大水资源有效利用面积，节水灌溉技术的推行相对缓慢。节水灌溉技术普及率低、方式单一老套、技术含量低、农民无节水意识、农业水资源利用效率不高等因素使技术的发展水平一直处于低迷状态。

2. 农业节水意识萌发时期

1978 年后，随着我国经济体制的变化和家庭联产承包责任制的实行，国家和地方的水利投资逐渐减少，农村农田水利基础设施的建设热潮逐渐减退，我国农田水利建设在 20 世纪 80 年代发展极其缓慢，有些地区甚至落后于改革开放前期。但由于前期大规模水利投资、建设并没有改变水资源短缺、灌溉水利用率低下、水资源开发过度和用水紧张等现实问题，从 20 世纪 90 年代起，国家将农田水利工程建设的重点放在水利工程技术改造和相关配套设施建设方面，同时完善灌溉管理制度，提倡并宣传农业节水技术，国家推广节水灌溉技术的意识开始萌芽。

（1）农田水利建设缓慢阶段。20 世纪 80 年代初期，国家根据新的形势和政策，对发展计划进行了调整，对农村相关的体制也进行了改革，农村相关水利方面的建设也因此受到影响，出现了发展缓慢甚至停滞的现象。在当时国家基础建设总投资中，农田水利方面的投资极少，仅占 2.7%，增长速度也极为缓慢，年增长率只有 2%。由于以上原因，1982～1986 年我国有效灌溉面积不断减少，平均每年减少了大约 0.4%，这也是中华人民共和国成立以来首次出现灌溉面积减少的阶段。在之后的几年间，水利工程受到资金的限制，很长时间没有修葺，特别是那些农田间小的水利灌溉设施，导致相关的设备出现严重的破损情况，许多灌区没办法再依靠这些水利设施，只能又回到靠天种地的局面。农村集体组织的缺失，使得农村建设水利工程的投资和投劳明显不足，农田小水利工程也受到了影响，灌溉条件没办法得到改善，农业生产受到了很大的影响。到了 20 世纪 80 年代中期，我国逐渐意识到了这个问题，开始不断增加对水利工程建设的投资。到 20 世纪 90 年代初期，国家对水利工程建设的力度进一步加大，将其建设重点放在了提高经济效益上，对小型水利设施的建设和管理进行了改善，例如通过对技术的研发和创新提升用水效率，通过建立和完善灌溉制度体系来保障设施的运行、管理和维护。在这些举措的作用下，我国农田有效灌溉面积在 1986 年后不断增加，国家对农田水利建设的投资比例也由 2.7% 增加到了 8.6%，农田水利工程建设由此进入了市场经济体制下的缓慢发展阶段。

（2）节水灌溉技术积极探索阶段。伴随改革开放进程的加快，我国经济蓬勃发展，尤其是工业水平的快速提升，使水资源紧缺现象日渐彰显，不同行业、不同区域间的用水矛盾愈发突出。我国的水利工程经过几十年的建设已经趋于稳定，农田水利的灌溉规模也基本上是稳定的，可以开发的水资源空间有限，由于农业耗水最多，因此必须推行节水灌溉技术，提高水资源的利用率，才能实现农业的可持续发展。此外，当时我国正处于农业转型的过渡时期，与传统农业模式相比，现代农业对作物种植模式和机械规模化生产提出了更高的要求，在农业灌溉方面体现在对灌溉技术精度（如灌水时间、水量等）的要求更高。因此，在农业发展新局面下传统灌溉理念已经无法满足现代农业的需求，我国政府逐渐意识到应该寻求新型节水技术和高效灌溉方式，发展节水农业的意识逐渐萌生，并进入了发展节水灌溉技术的探索阶段。例如，各地政府及部门从农业喷灌技术、滴灌技术等方面逐步开始探索中国节水灌溉技术道路，全国各地都兴起了引进、研发和推广高效节水灌溉技术的热潮。尽管国家在高效节水灌溉技术方面取得了一定的成绩，但是技术的探索与发展仅处于不成熟的初级阶段，技术的广泛推广和采用效果受到了一定限制。

3. 节水灌溉技术积极推广时期

20 世纪 90 年代以来，随着国民经济的发展和社会的进步，农田水利工程建设再次受到了我国政府的高度重视。中央政府加大了对农村水利建设方面的投资力度和政策支持，各地方政府也积极配合中央政府的农田水利战略决策，采取了多样化的方式建设农田水利基础设施，解决灌溉设施不足的问题。上至国家下至各地方政府均高度重视发展节水灌溉技术，出台了许多有关节水方面的政策，这对解决各地缺水问题、实现国家粮食安全和经济发展战略以及发展节水农业、推广节水灌溉技术具有重大的现实意义。

（1）发展节水灌溉技术探索阶段。20 世纪 90 年代后期，我国政府对发展高效节水技术日渐重视，节水灌溉已上升为国家农田水利建设的重要发展战略之一，其中探索和推广节水灌溉技术是政府的一项重要职责，也是国家农业节水发展的重点领域。党和国家以及各地政府都对农业节水灌溉技术推广表现出高度的重视，在党中央和国务院的安排部署下，在有关部门的紧密配合下，从各个角度采取积极措施有效推广节水灌溉技术。

在党和国家的领导下，各地政府有些制定了专项规划并拟定发展目标，设置专项资金补助，还有部分省市政府将主要任务和目标定位为促进节水灌溉的推广，并将其作为各政府领导和部门负责人的主要政绩考核。总体来说，节水灌溉受到了国家的高度重视并提出相应的政策，地方政府也积极响应中央号召，通过实施各种举措来促进节水灌溉技术的推广与扩散。例如，江泽民总书记于 1996 年在河南省考察时指出：节约用水用地对我国的影响极大，因为这两件事是人类赖以生存的根本，是农业的根本。1995 年，国务院召开了全国农田水利基本建设工作会议，并于第二年制定了设置三百个节水灌溉重点县的计划，目的是推动节水灌溉技术的大规模推广与采用。国家计委和水利部安排专项投资，用来建设节水增效示范区，支持大型灌区的技术改造和配套续建。

（2）节水灌溉技术大规模推广阶段。在 20 世纪 90 年代初，节水农业在我国的发展状况与国外相比相对滞后，国外的高效节水灌溉技术更先进，也更成熟，并且已经被大规模推广，通过市场化的经营模式取得了良好的效果。在这一背景下，国内节水灌溉设备研发公司和科研机构积极向国外学习经验，并开展合作交流，从灌溉设施的检测，到技术设备的生产和投入，再到对引进技术的消化和创新，无论是在技术生产还是创新方面均获得了重大的发展，并为将来的技术推广奠定了基础。例如，北京的绿源塑料联合公司在引进以色列微观灌水器的基础上研制了过滤设备、滴头、喷头等新型产品。山东莱芜塑料制品集团研制了折射式微喷头、压力补偿滴头等产品。在我国，为了能够更好地实现大规模高效节水灌溉技术推广，需要进一步对其推广成本和应用成本进行突破，要能够以合理的价格生产合适的技术产品，其关键技术和产业化必须适合我国的基本国情，这意味着节水灌溉技术的可靠性和经济的可行性。

（二）节水灌溉技术发展趋势

自 2000 年以来，我国节水灌溉技术发展较为迅速，主要表现在各种类型的节水灌溉技术发展迅速和农业节水灌溉面积快速增加两个方面，详见表 3－2。从表 3－2 中可以看出，我国节水灌溉总面积从 2000 年的 1638.89 万公顷增加到 2015 年的 3106.04 万公顷，平均年增速为 4.35％左右，且各种类型的节水灌溉技术均得到一定发展。由于 2013 年后的统计数据并未对渠道防渗面积进行统计，因此将节水灌溉面积和喷灌、微灌、低压管灌三种技术的灌溉面积发展趋势绘制成散点图，如图 3－1 所示。结合表 3－2 和图 3－1 来看，除 2013 年节水灌溉面积略微减少外，我国节水灌溉面积总体呈增加趋势，尤其在 2008 年以后，各项节水灌溉技术采用面积增加迅速；对不同类型的节水灌溉技术来说，投资量较小的低压管灌、渠道防渗技术发展较快，采用面积相对较大；投资量较大，技术含量更高的喷灌、微灌技术采用面积较少；自 2008 年以来，微灌技术发展迅速，在 2013 年采用面积超过喷灌技术采用面积，增速最快。

表 3－2　2000～2015 年节水灌溉面积

单位：千公顷

年份	节水灌溉面积	喷灌	微灌	低压管灌	渠道防渗	其他
2000	16388.86	2131.40	152.58	3567.92	6361.33	4175.63
2001	17446.38	2364.21	215.39	3903.69	6925.30	4037.79
2002	18627.05	2473.21	278.76	4156.77	7570.88	4147.42
2003	19442.80	2633.67	371.10	4476.17	8071.47	3890.39
2004	20346.23	2674.83	479.64	4706.29	8561.95	3923.53
2005	21338.15	2746.28	621.76	4991.84	9133.16	3845.12

续表

年份	节水灌溉面积	喷灌	微灌	低压管灌	渠道防渗	其他
2006	22425.96	2823.84	754.89	5263.75	9593.65	3989.83
2007	23489.46	2876.47	976.98	5573.92	10058.12	4003.97
2008	24435.52	2821.18	1249.62	5873.00	10447.73	4044.00
2009	25755.11	2926.71	1669.27	6249.36	11166.07	3743.71
2010	27313.87	3025.44	2115.68	6680.04	11580.30	3912.41
2011	29179.47	3181.79	2613.94	7130.37	12175.04	4078.33
2012	31216.69	3373.48	3226.29	7526.03	12823.39	4264.34
年份	节水灌溉面积	喷灌	微灌	低压管灌	其他	
2013	27108.62	2990.62	3856.54	7424.25	12837.21	
2014	29018.76	3161.96	4681.50	8271.03	12904.26	
2015	31060.44	3747.97	5263.60	8911.76	13137.11	

资料来源:《中国水利统计年鉴2016》。

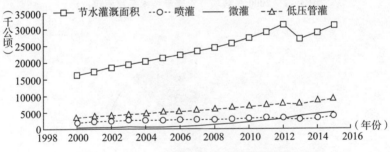

图3-1　1998～2016年节水灌溉面积发展趋势

　　将2000年和2015年各项节水灌溉技术采用面积进行统计分析,分别见图3-2和图3-3。可以看出,2000年,在节水灌溉面积中渠道防渗等其他节水灌溉技术占比最高,约为64%,其次为低压管灌技术,占比约为22%,而较为高效的喷灌和微灌技术占比较低,喷灌约为13%,而微灌仅占1%。节水灌溉技术经过多年的研发和推广,截至2015年底,我国农业节水灌溉面积为3106.04万公顷,其中,喷灌面积374.8万公顷,微灌面积526.4万公顷,低压管灌面积 891.18 万公顷，其他节水灌溉技术面积 1313.71 万公顷。其中，占比最多的仍为其他节水灌溉技术，约占42%，其次为低压灌溉技术，约占29%，喷灌技术约占12%，而微灌技术有了较大的发展，采用面积占比提高到了17%。

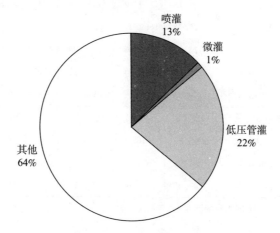

图 3 - 2 2000 年各项节水灌溉技术采用面积占比

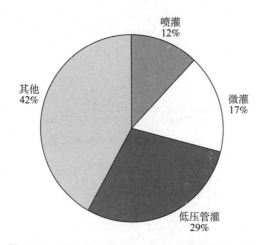

图 3 - 3 2015 年各项节水灌溉技术采用面积占比

我国农业节水灌溉技术虽然发展较晚，但发展迅速，相关农业节水技术的研究旨在提高灌溉用水利用效率、提高水资源的单位产出和加强用水管理等领域，例如通过渠道节水工程（低压管道、喷灌、渠道防渗等）的建设节省运输损失的水分，从而提高水资源利用系数，通过对田间新型节水灌溉技术的研发提高水的生产效率。目前，我国在旱地农业与灌溉、农业节水措施、灌溉制度、农艺节水等方面取得了丰硕的研究成果，并基本形成了包括完整节水灌溉技术的实施体系。

当前来看，我国节水灌溉事业虽然取得了较大进步，但仍存在很大的发展空间，我国一半以上的耕地还没有灌溉设施，仅有大约40%的有效灌溉面积可以采用高效节水灌溉技术（李猛等，2007）。同时，与发达国家的节水灌溉相比，我国在节水灌溉技术研发与应用方面有较大差距，主要表现在以下三个方面：一是，我国节水灌溉技术管理在技术层面相对落后，缺少对节水农业发展和农业用水状况基础数据的发掘和监测，缺乏有效的水资源管理机制和调控手段；二是，在节水灌溉技术的研发方面仍存在不足，节水设施的功能、适用性和持久性较差，产品质量存在不足；三是，长期以来，国内对农业节水和节水灌溉技术发展的制度和政策研究相对滞后，要加速我国节水灌溉技术的发展必须加强相关政策和制度方面的建设。

二 样本区域节水灌溉技术推广现状

（一）数据来源与样本描述

1. 数据来源

研究社会网络、推广服务两种渠道对农户节水灌溉技术采用的影响，必须选择有节水灌溉技术采用和推广的地区。鉴于节水灌溉技术采用率较低且农户分布较为分散，实地调研存在诸多困难，课题组于2014～2015年对甘肃省节水灌溉技术推广示范点民勤县和甘州区进行了实地问卷调查。选择这两个区县进行调研主要基于以下两点。一是，这两个地区地处欧亚大陆腹地，属典型大陆性干旱气候，降水稀少，蒸发量大，均是典型的灌溉农业区。民勤县和甘州区灌溉用水几乎完全依赖河水和地下水，但近年来石羊河和黑河水资源时空分布不均，且调蓄工程设施不完善，水资源供需矛盾越来越明显，使得发展高效节水农业已成为缓解水资源供需矛盾的必然选择。二是，民勤县和甘州区种植业较为发达，同时作为节水灌溉技术的示范区，近年来政府依托流域重点治理、大中型灌区续建配套与节水改造等项目，统筹考虑灌溉水源、地势地貌、适宜种植作物等综合因素，由中央专项资金和地方配套资金出资，重点推广节水灌溉技术。该调查采用随机抽样的方法，对民勤县大滩乡、双茨科乡、红沙梁乡、大坝乡、三雷镇五个乡镇和甘州区党寨镇、二十里铺乡、上秦镇、沙井镇、明永乡、三闸镇六个乡镇进行了全面系统的调查，调查内容主要包括个人及家庭信息、农业生产和灌溉技术采用、政府节水灌溉技术推广与农户社会网络等方面。为确保调查问卷的真实性和有效性，通过预调研对问卷进行了优化，并对调研员进行了培训。本次调查方式为入户或在田间地头与农民一对一直接访谈，所有调查问卷由课题组成员负责填写。调研共发放问卷 1060 份，经过审核、筛选，剔除存在信息缺失或前后有矛盾的问卷后，共获得有效问卷 1014 份，有效率为 95.66%。

2. 样本描述

（1）样本区域特征。民勤县位于河西走廊东北部，石羊河流域下游，地理位置为东经 101°49′41″ ~ 104°12′10″、北纬 38°3′45″ ~ 39°27′37″。县境东西长 206 公里，南北宽 156 公里，总面积 1.59 万平方公里。民勤县属温带大陆性干旱气候区，东、西、北三面被腾格里沙漠和巴丹吉林沙漠包围，是一个半封闭的内陆荒漠区，大陆性沙漠气候特征明显，冬冷夏热、降水稀少、光照充足、昼夜温差大，年均降水量为 127.7 毫米，年均蒸发量为 2623 毫米，昼夜温差为 15.5℃，年均气温为 8.3℃，日照时数为 3073.5

小时，无霜期为 162 天。民勤县是典型的灌溉农业区，完全依赖于石羊河与地下水开采进行灌溉。民勤绿洲主要种植小麦、玉米，是甘肃省重要的商品粮基地，但受气候变化与中上游人类活动影响，入境水量大幅度减少，地下水开采过度，生态环境退化日趋严重，农业生产也受到水资源短缺的严重限制，使发展高效节水农业成为民勤县缓解水资源供需矛盾的必然选择。近年来，作为国家高效节水灌溉示范县，民勤县依托石羊河流域重点治理、大中型灌区续建配套与节水改造等项目，统筹考虑灌溉水源、地势地貌、适宜种植作物等综合因素，由中央专项资金和地方配套资金出资，重点推广节水灌溉技术。

甘州区地处欧亚大陆腹地的河西走廊中部，南依祁连山，北邻内蒙古阿拉善右旗，总面积 4240 平方公里，人口 51.63 万（2013 年）。甘州区属大陆性寒温带干旱气候，降水稀少，蒸发量大，多年平均降水量 127.5 毫米，多年平均蒸发量 2047.99 毫米，是典型的灌溉农业区，全区农业灌溉用水占总用水量的 90% 以上，完全依赖于黑河水和开采地下水进行灌溉。甘州区地势平坦，土壤肥沃，水土光热条件优越，是我国最大的玉米制种基地和五大"西菜东运"基地之一。作为国家现代农业示范区，农副产品资源丰富，至 2016 年发展玉米制种订单农业 60 万亩，绿色无公害蔬菜基地 40 万亩，并将有机农产品生产作为未来发展目标，同时兼顾高原夏菜、制种玉米等特色产业，由此推动甘州区现代农业的转变。但黑河流域水资源在时间和空间上分布不均，干流缺乏调蓄工程，同时下游地区调水频繁，灌溉用水供需矛盾愈发突出。此外，随着人口增加和经济发展，水污染、挤占农业用水、用水浪费等现象使用水矛盾日趋尖锐，水资源短缺是制约甘州区社会经济发展的关键因素，发展高效节水农业已成为其缓解水资源供需矛盾的必然选择。

（2）样本农户基本特征。为把握样本农户基本特征，本章从户主性别、户主年龄、户主文化程度、户主职务、户主务农年限、家庭规模、家庭耕地面积、农业劳动力数量、农业收入占比等方面对样本农户进行描述性统计分析。

调查样本中以男性户主居多，占总样本比例为 64.99%，远高于女性户主比例 35.01%，较符合中国农村实际情况。从样本农户年龄的统计情况看，户主年龄在 24～78 岁，其中，51～60 岁的户主比例最高，占总样本的 33.24%，41～50 岁的户主比例次之，占比为 26.13%，而 30 岁及以下的户主比例最低，为 2.27%，总体而言样本农户呈现老龄化趋势。从户主文化水平分布情况来看，43.99% 的样本户主文化程度是初中文化水平，户主文化程度为小学和高中（含中专）的比例分别为 33.33% 和 14.50%，未上过学及识字很少的户主占 4.83%，而大专及以上文化水平的户主仅占 3.35%。因此户主文化程度以初中水平为主。在调查样本中，86.00% 的农户为普通村民，户主为村干部的占 4.53%，为队长（组长）的占 9.47%；样本农户家庭规模相对集中于 3～6 人这一区间，占总样本的 86.98%，这与传统家庭的现实情况基本符合，9.66% 的农户家庭规模不超过 2 人，家庭规模为 7 人以上的占总样本的 3.36%。从农户家庭耕地面积分布情况来看，家庭耕地面积为 5～10 亩的农户居多，占总样本的比例为 38.66%，家庭耕地面积小于 5 亩的农户比例为 20.91%，家庭耕地面积在 30 亩以上的农户仅占样本的 9.17%，这在一定程度上反映了当前中国农户家庭耕地规模普遍较小，规模化程度较低。从家庭农业劳动力数量和农业收入占比上来看，80.87% 的农户家庭拥有 2 个及以上农业劳动力，47.04% 的农户家庭农业收入占总收入的 75% 以上，28.50% 的农户家庭农业收入占总收入的 51%～75%，说明在样本区域内农户家庭多以农业生产为主，农户兼业情况较少或兼业水平不高。

表 3 - 3　调查农户基本特征

统计指标		样本数	比例(%)	统计指标		样本数	比例(%)
户主性别	男	659	64.99	家庭规模	2人及以下	98	9.66
	女	355	35.01		3~4人	603	59.47
户主年龄	30岁及以下	23	2.27		5~6人	279	27.51
	31~40岁	204	20.12		7~8人	21	2.08
	41~50岁	265	26.13		8人以上	13	1.28
	51~60岁	337	33.24	家庭耕地面积	5亩以下	212	20.91
	60岁以上	185	18.24		5~10亩	392	38.66
户主文化程度	文盲及识字很少	49	4.83		11~20亩	201	19.82
	小学	338	33.33		20~30亩	116	11.44
	初中	446	43.99		30亩以上	93	9.17
	高中（含中专）	147	14.50	农业劳动力数量	1人	194	19.13
	大专及以上	34	3.35		2人	438	43.20
户主职务	普通村民	872	86.00		3人	263	25.94
	村干部	46	4.53		4人	87	8.57
	队长（组长）	96	9.47		4人及以上	32	3.16
户主务农年限	10年以下	32	3.16	农业收入占比	25%以下	131	12.92
	10~19年	237	23.37		26%~50%	117	11.54
	20~39年	269	26.53		51%~75%	289	28.50
	30年及以上	476	46.94		75%以上	477	47.04

（二）节水灌溉技术推广现状分析

1. 民勤县节水灌溉技术推广现状

《民勤县"十二五"高效节水灌溉发展规划》中指出要规范高效节水灌溉发展政策措施，鼓励成立农民用水专业合作社。政府建立农业节水精准补贴机制，对农民用水者协会、农民用水合作社和节水意识强的农户进行农业节水补贴，同时建立农业节水奖励机制，对积极采用节水措施、调整种植结构和促进农业节水的农民用水合作组织和农户进行奖补，提高农户节水意识、积极推动节水灌溉发展。近年来，民勤县依托国家水利设施建设和流域治理等多项项目的支持，在综合考虑区域地理条件、作物多样性、灌溉水源等因素的情况下，大力发展节水农业，推动高效节水技术的采用。此外，政府出台了有关实施水权、水价改革的意见，实行区域水权水价改革，在对水权、水量定额进行严格管理的同时实行差额化的水价制度，在水价上给予节水灌溉技术采用农户一定的政策优惠，通过价格杠杆和政策引导激励农户技术采用。各水资源管理部门和技术推广部门建立了科学的灌溉制度，对项目运行进行了有效的管理服务和技术指导，促使农户节水灌溉技术工程设施使用的正确和高效，同时相关管理部门制定了节水灌溉技术工程的管护制度，使节水设备能够正常运行，保障生产效益。截至 2015 年底，民勤县依托重点治理、小型农田水利重点县及近年来高效节水灌溉示范项目共发展节水灌溉面积 50 万亩，其中滴灌技术 40.5 万亩（温室滴灌 2.81 万亩），管灌技术 9.5 万亩，占全县配水面积 63.12 万亩的 79%。

此外，政府通过积极宣传、培训等方式提高农户节约用水意识，引导农户自觉采用新技术。例如，各乡镇水资源管理单位对农村社区居民进行了有针对性的宣传教育，重点利用农闲季节通过现场讲解、宣传会等方式向农户讲授水资源的稀缺情况、节水的必要性和有关节水灌溉技术介绍、使用和维护的一些状况。有些乡镇通过宣传手册、村板报的方式积极引导农户采用合理的种植、灌溉方式，从而实现经济效益。一些村庄和节水灌溉示范点推行以机井为单位的规模种植，全面实行节水灌溉技术，改变了农户大水漫灌的传统灌溉方式，同时推行节水作物与节水技术配合采用的种植范式，使节水效益得到更好的发挥。

民勤县依托各节水灌溉技术推广示范项目，节水增收效果较为明显，采用滴灌技术的经济作物平均每亩可以节约用水 120 立方米，平均产值提高了 10% 以上；采用滴灌技术的大田作物平均每亩可以节约用水 160 立方米，平均新增经济效益达 273 元；温室采用滴灌技术平均每亩可以节约用水 170 立方米，平均新增经济效益 509 元；采用低压管灌技术平均每亩可以节约用水 76 立方米，平均新增经济效益 509 元。

2. 甘州区节水灌溉技术推广现状

甘州区是西北干旱地区可利用水资源相对缺乏的区域之一，地表水资源和地下水资源总量合计为 8.2764 亿立方米，其中地表水资源可利用率和地下水资源可利用率分别为 73.10% 和 26.90%，地表水资源可利用率显著高于地下水资源可利用率 46.2 个百分点。地表水资源可利用率与地下水资源可利用率匹配失衡加剧了甘州区用水量供不应求的状态。数据显示，2014 年甘州区实际用水量供不应求，严重影响到人们的用水需求和生活质量，用水缺口超过 3600 万立方米。学者认为造成这种现状的主要原因是水资源在利用开发过程中存在严重浪费、污染以及水资源利用转换率较低的现象，工程性缺水问题尤其明显。因此，积极推广高效节水灌溉技术对缓解西北干旱地区严重缺水状况及有效提高现有农田灌溉利用率意义重大。近年来，甘州区政府将科技兴水作为工作的重中之重，以强化农户节水用水观念为导航，以提高节水经济效益为重点，大刀阔斧地推进节水灌溉的步伐，把节水作为一项革命性措施来抓，高效节水灌溉工程有了长足发展，主要表现为节水灌溉面积逐年增加，节水农业的经济效益逐渐凸显，这也主要得益于政府政策积极引导、科技广泛应用及推广和充足的资金大力倾斜。在节水灌溉技术推广项目的带动下，农户技术采用率和采用积极性不断提高，节水灌溉技术的优势逐步彰显。

自 2012 年以来，甘州区实施高效节水灌溉项目以规模化、重点县、高效化等节水示范项目为主，截至 2014 年底已经实施完成高效节水面积 35.5225 万亩，其中第四批计划高效节水重点县的高效节水面积在 2012 年、2013 年实施完成 4.05 万亩；同时 2012 年、2013 年规划实施规模化节水灌溉增效示范项目的高效节水面积达 1.8625 万亩；重点县第五批高效节水灌溉示范项目推广的高效节水面积在 2013 年共完成 2.08 万亩。计划实施的高效节水面积在 2015 年达到 10.7805 万亩，其中，规模化节水灌溉增效示范项目 2014 年发展高效节水面积达到 1.155 万亩；已经完成的第四批高效节水重点县项目 2014 年发展高效节水面积达到 2.01 万亩；重点县第五批高效节水灌溉示范项目 2014 年、2015 年发展高效节水面积达到 4.03 亩；重点县第六批高效节水灌溉项目 2014 年、2015 年发展的高效节水面积达到 3.5855 万亩。

高效节水灌溉工程的持续推广应用不仅改善了农田水利设施灌溉条件，而且有效提升了水资源利用效率，降低了干旱和灌溉用水短缺带来的生产风险，为农户带来了可观的经济效益。统计数据显示，甘州区节水项目带来的经济效益和社会效益比较显著，项目区节水效益明显，其中管灌每亩平均节水 365 立方米，滴灌每亩平均节水 421 立方米；实施节水灌溉后粮食作物每亩平均增产约 145 千克，其中滴灌技术增产效果最好，其次为管灌技术和沟灌技术。

3. 样本农户接受技术推广的统计分析

在调研样本中，有 706 户农户表示接受过政府节水灌溉技术推广服务，308 户农户表示未接受过（见图 3 - 4）。在接受过政府节水灌溉技术推广服务的农户中，有 32% 的农户表示自己所在村庄有节水灌溉技术示范户，并接受过示范户的技术示范，12% 的农户接受过技术的集中培训，11% 的农户接受过技术人员的田间指导，6% 的农户表示政府推广组织向他们提供过咨询服务，另有 9% 的农户接受过其他形式的推广服务，如广播宣传、手机信息、宣传资料和网络信息等。

对接受过政府节水灌溉技术推广的 706 户农户进行统计，结

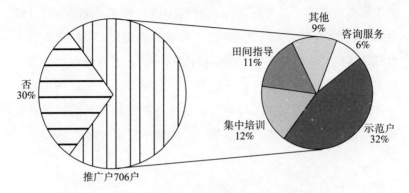

图 3 - 4　农户接受政府节水灌溉技术推广的比例及形式

果如图 3 - 5 所示。其中，481 户农户表示只接受过 1 次政府节水灌溉技术推广服务，占比达到 68.13%，接受过 2 次政府节水灌溉技术推广服务的农户有 113 户，占比为 16.00%，接受过 3 次政府节水灌溉技术推广服务的农户有 78 户，占比为 11.05%，接受过 3 次以上政府节水灌溉技术推广服务的农户仅有 34 户，占比为 4.82%。由此可见，大部分农户接受政府节水灌溉技术推广服务的次数有限，政府节水灌溉技术推广服务强度有待提升。

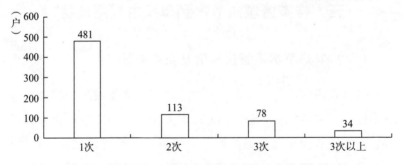

图 3 - 5　农户接受政府节水灌溉技术推广服务次数统计

通过询问农户"您觉得目前技术推广服务存在哪些问题?"对节水灌溉技术推广中存在的问题进行统计，结果如图 3 - 6 所示。从图 3 - 6 可以看出，有 317 户农户选择了次数太少这个选项，这些农户认为目前技术推广服务次数太少，不能满足农户对推广服务的需求，223 户农户认为技术推广服务内容单一，167户农户认为政府技术推广服务过程中缺乏实践，155 户农户认为政府技术推广服务缺乏针对性，131 户和 74 户农户分别认为政府技术推广服务偏重理论和缺乏连贯性。总体来说，从农户角度来说目前政府节水灌溉技术推广服务过程中存在诸多问题，主要表现在推广次数较少和推广内容单一、质量不高等方面。

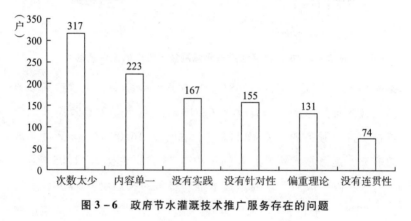

图 3-6　政府节水灌溉技术推广服务存在的问题

三　样本区域内节水灌溉技术采用现状

（一）农户节水灌溉技术信息获取途径

实地调研中通过询问农户"您获取节水灌溉技术的信息来源有哪些?"，并要求农户按照信息来源多少对各渠道进行重要性排序，来测度农户信息渠道种类，其中设置了亲戚、朋友、邻居、其他农户、农技人员、村干部、村板报、村广播、电视、书刊报纸、手机、网络、自己摸索等选项供农户选择，统计结果如图3-7所示。在调查样本中，70.12% 的农户获取技术信息的渠道只有 1 种，93.39% 的农户获取技术信息的渠道有 2 种，这在一定程度上反映了调研区域内农户技术信息获取渠道相对单一。在以上信息获取渠道中，农技人员、邻居和其他农户被选择的频数最多，分别是 221 次、218 次和 203 次，说明农技人员、邻居和其他农户是农户节水灌溉技术信息的主要来源，其次是村干部、电视和朋友（频数分别为 167 次、134 次和 108 次）。此外，由统计图中可以看出，农户选择从书刊报纸、手机、网络等传统和现代媒介获取技术信息的比例相对较小。

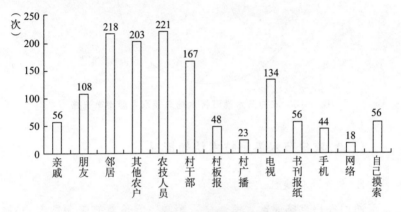

图 3 - 7　农户节水灌溉技术信息来源

此外，本研究进一步将农户获取技术信息的主要渠道分为社会网络渠道、政府推广渠道和媒体渠道三大类，并对农户获取信息的主要渠道（即农户选择时排序第一位的信息来源渠道）进行统计，结果如图 3 - 8 所示。其中，社会网络渠道是指农户通过面对面或者凭借简单媒介，如电话等从亲友、邻居或者其他农户处获得农业技术信息的渠道；政府推广渠道是指农户从政府各级干部、农技人员、政府宣传资料、村广播、村板报处获取农业技术信息的渠道；媒体渠道包括电视、报纸、收音机、广播、杂志、互联网等传媒渠道。从图 3 - 8 可以看出，47% 的农户表示社会网络渠道是其获取节水灌溉技术信息的主要渠道，37% 的农户表示政府推广渠道是其获取技术信息的主要渠道，仅有 16% 的农户获取技术信息的主要渠道来自媒体，因此本研究认为社会网络、政府推广是农户获取节水灌溉技术信息最主要的两大渠道。

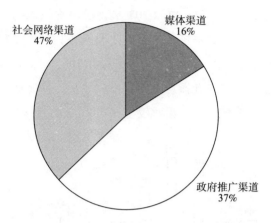

社会网络渠道
47%

媒体渠道
16%

政府推广渠道
37%

图 3 - 8 农户节水灌溉技术信息获取主要渠道选择

（二）农户节水灌溉技术认知情况

1. 水资源稀缺性认知

通过农户直接评价水资源是否短缺、水价感知来考察农户对水资源稀缺性的认知情况。实地调研中有 665 户农户认为农业灌溉水资源存在不足的情况，约占调查总样本的 65.58%。图 3 - 9 是对农户水资源稀缺性认知情况的统计，从中可以看出，认为水资源较短缺的比例最大，有 324 户，占总样本的 32%，其次为认为水资源很短缺的农户，有 223 户，占总样本的 22%，认为水资源一般短缺、较不短缺和很不短缺的农户分别为 101 户、183 户、183 户，分别占总样本的 10%、18% 和 18%。以上数据说明，在样本农户中只有 54% 的农户认为当地水资源较为稀缺，46% 的农户并没有切实感受到水资源日益稀缺的形势。同时，在被问及"您认为目前的水价贵不贵?"这个问题时，统计结果如图 3 - 10 所示。其中，39% 的农户认为当前水价很贵，26% 的农户认为水价较贵，认为水价一般和较便宜的农户分别占总样本的 16% 和 15%，而只有 4% 的农户认为目前水价很便宜。总体来讲，高达 65% 的农户认为水价是较贵的，而认为水很便宜的农户比例较低，这与农户对水资源短缺的认知存在一定差距，也在一定程度上反映出农户对水资源短缺认知不足。

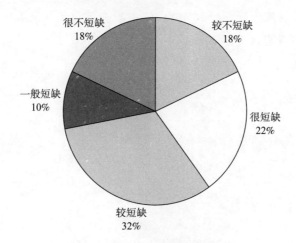

图 3 − 9　农户水资源稀缺性认知

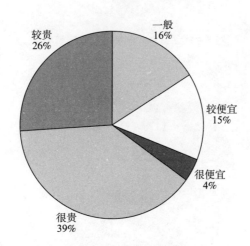

图 3 − 10　农户水价感知

2. 节水灌溉技术功能认知

当农户被问及"您对节水灌溉技术了解程度有多少?"时，仅有 10% 的样本农户表示对节水灌溉技术很了解，40% 的农户表示比较了解，25% 的农户表示一般了解，18% 和 7% 的农户分别表示较不了解和很不了解节水灌溉技术（见图 3 − 11）。当农户被问及"您认为节水灌溉重要程度?"时,40%的农户表示节水灌溉技术重要,14%的农户认为很重要,28%的农户表示节水灌溉技术重要程度一般,而15%和3%的农户认为节水灌溉技术不重要和很不重要(见图3-12)。

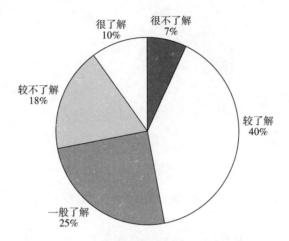

图3-11 农户节水灌溉技术了解程度

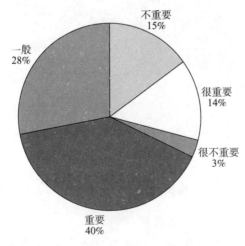

图3-12 农节水灌溉技术重要性认知

当农户被问及"您认为节水灌溉技术的主要功能有哪些?"时,有503户农户认为节水灌溉技术的主要功能是增加产量,432

户农户认为节水灌溉技术的主要功能是增加收入，648 户农户认为节水灌溉技术的主要功能是节约灌溉用水，633 户农户认为节水灌溉技术具有节省劳动力的功能，304 户农户对节水灌溉技术的主要功能并不清楚（见图 3－13）。

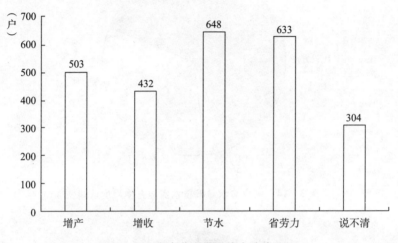

图 3－13　农户节水灌溉技术功能认知

3. 节水灌溉技术评价

在调查样本中，172 户农户认为节水灌溉技术实施很方便，占总样本的 17%；446 户农户认为节水灌溉技术实施比较方便，占总样本的 44%；163 户农户认为节水灌溉技术实施方便程度一般，占总样本的 16%；还有 192 户和 41 户农户分别认为节水灌溉技术实施较不方便和很不方便，占总样本的 19% 和 4%（见图 3－14）。在农户对节水灌溉技术实施效果的认知方面，只有 163 户农户认为节水灌溉技术实施效果很好，占总样本的 16%；385 户农户认为节水灌溉技术实施效果较好，占总样本的 38%；182 户农户认为节水灌溉技术实施效果一般，占总样本的 18%；183 户农户认为节水灌溉技术实施效果较差，占总样本的 18%；101 户农认为节水灌溉技术实施效果很差。总体而言，在节水灌溉技术实施方便程度上，高达 61% 的农户认为实施方便，在节水灌溉技术效果方面,54%的农户认为节水灌溉技术效果良好,还有近一半的农户认为效果一般或不尽如人意(见图3－15)。

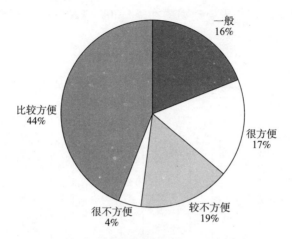

图3－14　农户节水灌溉技术实施方便程度认知

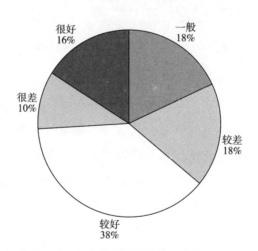

图3－15　农户节水灌溉技术实施效果认知

(三)农户节水灌溉技术采用意愿

对样本农户节水灌溉技术采用意愿的调查统计结果如图3－16所示,18%的农户表示很愿意采用节水灌溉技术,51%的农户表示愿意采用,7%的农户对节水灌溉技术采用意愿表示一般,另有17%和7%的农户表示不愿意和非常不愿意采用节水灌溉技术，这说明大部分农户对节水灌溉技术采用持积极态度，但还有大约31%的农户在节水灌溉技术采用上持观望或是抵触态度。对不愿采用节水灌溉技术的241户农户进行了原因调查，其中有48户农户认为采用节水灌溉技术比较麻烦，具体表现在滴灌带更换、施肥不方便和维修等方面；88户农户认为家庭耕地过于分散，不利于节水灌溉技术的实施；51户农户认为节水灌溉技术的效果较差，没有起到节水、增收的作用，与传统灌溉技术没有较大差异；23户农户表示采用节水灌溉技术缺乏资金，无力支付技术采用过程中产生的材料费和维修费等，比如有些农户因后期无人维修和后期成本高而不愿意采用节水灌溉技术；另有31户农户由于其他原因不愿意采用节水灌溉技术。

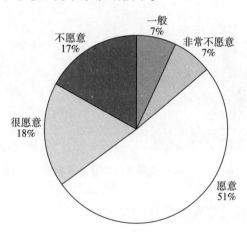

图 3-16 农户节水灌溉技术采用意愿

调研中进一步对愿意采用节水灌溉技术的农户进行了节水采用类型的意愿调查，图 3-17 反映了农户愿意采用节水灌溉技术的类型，由图 3-17 可以看出，膜下滴灌和低压管灌技术是大部分农户愿意采用的节水灌溉技术，但不同地区农户偏好也存在一定差异。在总样本中愿意选择膜下滴灌技术的农户有 375 户，占愿意采用农户样本的 48.51%，其次为愿意采用低压管灌技术的农户，有342户，占比为44.24%，其余少部分农户选择了微喷灌、渠道防渗、温室滴灌等技术。在民勤县，低压管灌是156户农户愿意采用的技术，占民勤样本的50%，愿意采用膜下滴灌技术的农户为142户，仅次于低压管灌技术；相比之下，膜下滴灌技术是甘州区233户农户愿意采用的技术，而选择低压管灌技术的农户少于选择膜下滴灌技术的农户，只有186户。同样在两个区域内，微喷灌、渠道防渗和温室滴灌均是极少数农户愿意选择的技术，这可能与当地农户作物种植情况、政府技术推广情况有一定的关系。

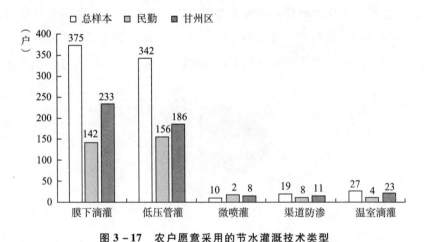

图3-17　农户愿意采用的节水灌溉技术类型

（四）农户节水灌溉技术采用情况

1. 样本农户灌溉技术采用类型

对样本农户节水灌溉技术采用类型进行了简单统计，如图3-18所示。由图3-18中可以看出，在总样本中仍有214户农户目前灌溉方式为大水漫灌，其中民勤县有106户，甘州区有108户；总样本中有800户农户采用了节水灌溉技术，其中562户农户采用了膜下滴灌技术，238户农户采用了低压管灌技术。在民勤县样本农户中，374户农户采用了节水灌溉技术，其中采用膜下滴灌技术的有 302 户，采用低压管灌技术的有 72 户；在甘州区样本农户中，426 户采用了节水灌溉技术，其中采用膜下滴灌技术的有 260 户，采用低压管灌技术的有 166 户。

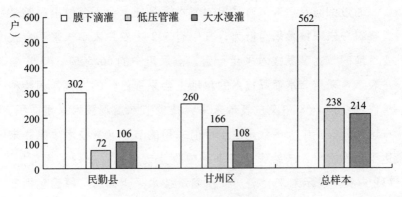

图 3 - 18　样本区域农户灌溉技术采用情况

2. 样本农户节水灌溉技术采用率

以农户采用节水灌溉技术面积占其种植面积的比例代表农户节水灌溉技术采用率，对农户目前节水灌溉技术采用程度进行了统计。将采用率分成五个等间隔区间，统计结果如图 3 - 19 所示。由图 3 - 19 可知，采用率处于 0.4 ~ 0.6 区间内的采用户数最多，有 235 户，占采用者总数的 29.38%，其次为采用率处于 0.2 ~ 0.4 和 0.6 ~ 0.8 的区间，分别有 216 户和 198 户，占采用者总数

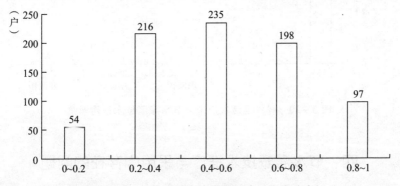

图 3 - 19　样本区域农户灌溉技术采用率分布

的 27.00% 和 24.75%，采用率在 0.8 ~ 1 的有 97 户，占比为 12.13%，采用率低于 0.2 的有 54 户，占比为 6.75%。

3. 样本农户未来节水灌溉技术采用的调整行为

通过询问农户未来对采用的节水灌溉技术会不会做出调整来考察农户未来技术采用行为，其中有 532 户农户表示未来不会改变目前的节水灌溉技术采用行为，占采用户的 66.50%；43 户农户表示在采用节水灌溉技术的耕地上会采取轮作的方式，调整种植作物结构；68 户农户表示未来会减少节水灌溉技术采用面积，在这部分农户中大多数是由于目前采用的节水灌溉技术效果并未达到预期水平，未给农户带来期望收益或增加了农户采用负担；131 户农户表示未来会增加节水灌溉技术采用面积，原因包括节水灌溉技术采用较为方便，能够节约灌溉用水量和劳动力；26 户农户表示未来不会再使用节水灌溉技术，这部分农户主要是因为种植规模较小、土地过于分散、种植作物不适合等从而未来会放弃采用节水灌溉技术。

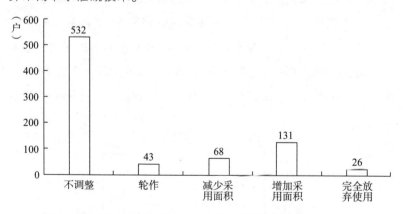

图 3 - 20　样本区域农户未来节水灌溉技术采用调整

四　节水灌溉技术推广与采用中存在的问题

目前政府在发展节水农业方面做出了许多努力，节水灌溉技术的推广和采用取得了一定的成果，但其发展潜力仍然非常巨大。同时，实际节水灌溉技术推广过程中存在诸多问题，限制了技术的推广和采用。通过上文对政府节水灌溉技术推广和农户技术采用的现状分析，并结合实地调研情况，将节水灌溉技术推广和采用过程中存在的问题概括为以下方面。

（一）政府技术支持力度不足

1. 技术补偿方面

节水灌溉技术采用具有较强的外部性，产生的社会生态效益远远大于农户经济效益，加之节水灌溉技术工程投资巨大，农户在极高的采用成本情况下缺乏采用积极性，仅靠农户出资建设很难实现，因此政府对发展节水灌溉技术给予了一定程度的政策扶持和资金投入。首先，目前虽然节水灌溉技术的主灌工程建设基本上是由政府投资，农户出资较少，但建设过程中部分农户也会投入一定劳动力和时间，而这部分投入往往不在政府补贴范围内，也在一定程度上导致了农户技术采用积极性不高。其次，政府只是在工程建设初期进行投资，对农户节水灌溉技术采用过程中设备的更换和维护缺乏支持，最终导致了农户只是在当期采用了节水灌溉技术而不会持续采用。最后，节水灌溉技术补偿标准、形式较为单一，补贴不到位，农户激励不足也影响了节水灌溉技术的推广与扩散。

2. 技术推广服务方面

目前节水灌溉技术推广服务是由政府主导的，是一种自上而下的推广模式，虽然这种推广模式在计划经济时期发挥了重要作用，可以利用政府的干预力量来推动农户技术采用，但在如今市场经济条件下这种推广模式已经无法满足农业生产多样化的需求，存在适用性不强、忽视农户需求、推广效果不明显等问题。从实地调研来看，绝大部分农户接受政府技术推广次数为 1 次，且多数农户反映仅在节水灌溉技术项目推广初期接受过技术人员示范或是仅接受村庄示范户技术指导，在平时技术采用过程中政府提供的咨询服务和技术指导较少，由此可见，政府节水灌溉技术推广服务强度有待加强。同时，从政府技术推广质量来看，存在形式单一、内容偏重理论缺乏实践、推广没有针对性和连贯性等问题。

（二）节水灌溉技术信息传播受限

1. 农户技术信息来源有限

样本区域内农户获取节水灌溉技术信息主要通过亲戚、朋友、邻居和其他农户的社会网络和村委会、村干部、技术人员等政府部门的推广服务。通过社会网络获取的农业技术信息往往存在准确性不高、内容相似等情况，而农业技术推广部门的推广服务大多仍是自上而下的形式，内容较为枯燥，农户接受效果不明显。虽然电视、书刊报纸、手机、网络等媒体在传播信息方面已较为普遍，但在传播节水灌溉技术信息中的作用略显不足，农户通过媒体获取的技术信息很少，这也是阻碍节水灌溉技术传播和扩散的重要原因。

2. 农户技术信息获取能力不足

农民在农业技术信息传播过程中，在绝大多数情况下处于受传者的位置。在节水灌溉技术信息传播过程中，大多数农户在技术信息传播链中处于劣势，只是被动地接受和学习推广技术员和其他农户传播的信息，主动搜寻和学习的积极性不高，在技术采用中处于被动的地位。同时，还有许多农户处于相对闭塞的环境，他们平时接触、交流的农户处于同样的环境，可以交流的新技术、新信息相对较少，农户缺乏从村庄之外的地方获取信息的能力。

（三）农户节水意识薄弱

1. 传统灌溉方式难以改变

在农户的传统观念里，节水是政府应该做的，与他们无关。农户节约用水意识较为淡薄，多采用传统漫灌方式进行农田灌溉，最终导致了农业灌溉水浪费非常严重，但仍未能引起农户的重视。农户自身文化程度具有局限性，加上节水灌溉技术在灌水、施肥以及种植结构方面与传统灌溉方式存在一定差异，农户传统的灌溉方式很难在较短的时间内彻底改变，导致了节水灌溉技术采用不足。

2. 节水灌溉技术认知不足

调查发现，样本区域农户对当地水资源稀缺情况缺乏认知，没有意识到发展节水农业的重要性和紧迫性。同时，农户对节水灌溉技术的重要性、主要功能缺乏认知，不能准确评估采用节水灌溉技术的预期收益和风险，对节水灌溉技术采用的不确定性最终阻碍了农户采用节水灌溉技术。

（四）节水灌溉技术实施问题

1. 技术本身适用性差

通过实地调研发现，部分农户反映节水设备设计不合理，质量较差，灌溉效果不明显，如灌溉水压较低、滴灌带出现破损、肥料堵塞等情况。目前政府推广的节水灌溉技术种类较为单一，不能完全适合所有农户，存在适用性差的问题；此外，节水灌溉技术研发投入不足，创新性较差，存在滴灌带、自压软管等设备质量不高、标准化程度较差的现象，同时灌溉工程设计的系统优化有待进一步加强。

2. 配套措施不完善

在节水灌溉技术实施过程中，一些村庄社区项目前期准备工作不足,技术采用过程中农户种植作物和灌溉方式不匹配,最终给农户带来了经济收益的损失。同时,农户分散的种植模式、土地破碎化程度较高、土地不平整等问题也严重影响了节水效益的发挥,在项目推广前期政府配套措施(如土地整理、土地流转或互换、资金支持、技术指导、培训和示范等)的不完善最终导致了该区域节水灌溉技术推广和采用缓慢。

五 本章小结

本章阐述了我国节水灌溉技术推广的历史沿革和未来发展趋势,介绍了研究使用的数据来源及样本特征,在此基础上对样本区域内节水灌溉技术推广和采用状况进行了描述性统计分析,以此探究目前样本区域内节水灌溉技术推广和采用存在的问题。结果发现:在调查样本中,有 706 户农户接受过政府节水灌溉技术推广服务,308 户农户表示未接受过,大部分农户接受政府节水灌溉技术推广服务的次数有限,政府节水灌溉技术推广服务强度有待提升;70.12% 的农户获取技术信息的渠道只有 1 种,93.39% 的农户获取技术信息的渠道有 2 种,农户技术信息获取渠道相对单一,农户主要从社会网络和农业技术推广服务两种渠道获得技术信息,从书刊报纸、手机、网络等传统和现代媒介获取技术信息的比例相对较小;农户具有较强的水资源稀缺感知;一半以上的农户对节水灌溉技术的功能有一定了解,高达 61% 的农户认为节水灌溉技术实施方便,54% 的农户认为节水灌溉技术效果良好,但仍有近一半的农户认为节水灌溉技术采用效果一般或不尽如人意;大部分农户对节水灌溉技术采用持积极态度,但有大约 31% 的农户在节水灌溉技术采用上持观望或是抵触态度;目前调查样本中有 214 户农户灌溉方式为大水漫灌,800 户农户采用了节水灌溉技术,采用率处于 0.4 ~ 0.6 区间内的采用人数最多,占采用者总数的 29.38%。样本区域节水灌溉技术推广和采用方面的不足主要表现在政府技术支持力度不够、节水灌溉技术信息传播受限、农户节水意识薄弱和节水灌溉技术实施问题四个方面。

▶ 第四章
社会网络与农业技术推广服务的测度及特征分析

上一章对我国节水灌溉技术发展历史和趋势进行了回顾，对样本区域节水灌溉技术推广和采用现状进行了详细的介绍，进而分析了目前节水灌溉技术扩散过程中面临的问题。基于前述分析可知，农户获取技术信息的两条重要渠道分别是社会网络和农业技术推广服务，这两条渠道在目前农业技术采用中发挥着重要作用。因此本章将选择合适指标对社会网络与农业技术推广服务进行测度，同时对样本区域内农户的社会网络和农业技术推广服务情况进行特征分析，并比较技术采用户和未采用户两组农户在社会网络和接受农业技术推广服务方面的差异，为后文探讨两者在农户节水灌溉技术采用中的作用奠定基础。

一　农户社会网络的测度

（一）指标设计原则

指标体系是测度社会网络、农业技术推广服务以及研究后续问题的重要基础，因此本章在设计社会网络与农业技术推广服务的表征指标时，为保证指标体系的科学性和合理性，严格遵循了以下原则。

（1）统一性和全面性原则。由于农户社会网络和政府农业技术推广服务均由多个维度构成，在设计测度指标时，应该考虑各个指标是否能够全面反映社会网络与农业技术推广服务的内涵、特征等方面。此外，运用各个指标进行测度分析时应该满足相互协调、相互配合的原则。

（2）层次性原则。设计合理的测度指标体系，不仅要满足测度指标的选取具有全面性，还要有清晰的层次性，具有分层特征的指标体系可以从不同层次反映两种信息获取渠道的具体情况。

（3）可得性原则。由于资料和调查数据的获取可能存在诸多困难，因此设计指标体系时，尽量排除数据不易获取或没有数据支持的指标，选取具有可获得性、可操作性的指标。

（4）可比性原则。测度指标对同一目标在不同时间、空间条件下的测度结果应具有一定的可比性。由于本研究中的样本农户分别属于不同地区，农户社会网络或政府农业技术推广服务水平可能会有差异，但测度指标的口径和范围应保持一致。

（5）独立性原则。各测度指标应尽量避免重复性，且相关性应处于较低水平，各指标间具有独立性。

（二）指标体系的构建

由于社会网络本身所具有的强大解释力，目前相关研究已经涉及经济学、社会学和管理学等众多领域，并形成了一系列相关理论，例如第二章提及的网络结构理论、结构洞理论、强弱关系理论、"差序格局"理论和"人情面子理论"等。研究者从多个角度界定了社会网络概念和内涵，且侧重点存在一定差异。从根本上来讲，社会网络可被视作个体联系网络中的信息、互惠和信任的规范（Woolcock，1998），社会网络以网络资源为基础，通过网络成员之间长期的相互交流，形成一套公认的规范或规则，并通过成员间的相互学习、帮助和信任来维持整个团体或组织的正常运行。目前，对于社会网络如何测度，学术界并没有形成统一看法，不同学者选取的测度指标也存在较大差异。但从大多数研究来看，学者基本是根据社会网络的概念、内涵并结合研究对象特性来选择指标进行表征的。因此，结合研究设计和实地调研情况，在 Grootaert（1999）研究基础上，本章采用多指标的方式对社会网络进行测度，首先根据社会网络的内涵将其划分为网络互动、网络亲密、网络互惠和网络信任四个维度，并构建科学合理的指标体系。表 4 - 1 是社会网络各维度指标及具体测量问题。

表 4 - 1　社会网络测度指标体系

	维度指标与测度问题	变量赋值
网络互动	您经常会到邻居家串门吗？（SN11）	很不频繁 = 1，较不频繁 = 2，一般 = 3，较频繁 = 4，很频繁 = 5
	您家经常会有客人来访吗？（SN12）	很不频繁 = 1，较不频繁 = 2，一般 = 3，较频繁 = 4，很频繁 = 5
	您经常和其他村民一起解决日常问题吗？（SN13）	很不频繁 = 1，较不频繁 = 2，一般 = 3，较频繁 = 4，很频繁 = 5
网络亲密	您经常邀请朋友来家里做客吗？（SN21）	很不频繁 = 1，较不频繁 = 2，一般 = 3，较频繁 = 4，很频繁 = 5
	您经常与乡亲们一起玩乐（如打牌、打麻将、跳舞等）吗？（SN22）	很不频繁 = 1，较不频繁 = 2，一般 = 3，较频繁 = 4，很频繁 = 5
	您家和亲戚朋友会彼此走动吗？（SN23）	很不频繁 = 1，较不频繁 = 2，一般 = 3，较频繁 = 4，很频繁 = 5
网络互惠	您家里农忙时来帮忙的人多吗？（SN31）	很少 = 1，较少 = 2，一般 = 3，较多 = 4，很多 = 5
	您遇到困难时有很多人想办法帮您解决吗？（SN32）	很少 = 1，较少 = 2，一般 = 3，较多 = 4，很多 = 5
	您能从周围人那儿获得有用信息（如婚姻、上学等）吗？（SN33）	很少 = 1，较少 = 2，一般 = 3，较多 = 4，很多 = 5
网络信任	您觉得周围人真诚信守承诺吗？（SN41）	很少 = 1，较少 = 2，一般 = 3，较多 = 4，很多 = 5
	您愿意借东西给周围人吗？（SN42）	很不愿意 = 1，较不愿意 = 2，一般 = 3，较愿意 = 4，很愿意 = 5
	您对村里发布的政策信息相信吗？（SN43）	很少相信 = 1，较少相信 = 2，一般 = 3，较多相信 = 4，都相信 = 5

注：SN11 ~ SN43 为社会网络各维度指标代码。

其中，网络互动是指网络成员之间的相互沟通与联系，强调的是成员之间借助语言或者行为接触而达成某种目标。一些研究人员将社会网络视作个人网络的社交关系，依赖互动获取网络资源（Belliveau et al.，1996；Coleman，1990）。本研究选择农户是否经常串门、农户家中是否经常有客人来访和农户是否经常与其他农户一起解决日常问题等题项来测度网络互动，并认为农户通过社会网络中的互动交流可以获取有效信息，减少农户对新事物的不确定性，并降低风险冲击。

网络亲密是指网络成员间的亲密程度，根据 Granovetter（1973）提出的弱关系强度假设，网络成员间的强弱关系差异主要表现在成员是否认识或者彼此熟识，由于成员之间的亲密程度存在较大差异，本研究认为农户网络亲密程度也是衡量其社会网络大小的重要指标，因此选择农户是否经常邀请朋友来家里做客，农户是否经常与乡亲们一起玩乐（如打牌、打麻将、跳舞等）和农户是否经常与亲戚朋友彼此走动等题项对农户社会网络中的亲密程度进行测度。

网络互惠是指网络成员利用网络关系对彼此利益进行协调与合作。对个体而言，社会网络实质上是网络成员之间的一种特殊的社会连接关系，并可能在一定条件下转变为个体获取自身利益的经济资本或个体提升自身社会地位的媒介（Bourdieu，1986），甚至可以帮助个体获取稀缺社会资源，或在市场竞争中赢得先机。对群体而言，社会网络更像是一种指导网络成员实施行为的规范和制度，可以促进成员达成合作（Fukuyama，2003）。通常情况下，成员间的协调合作关系既可以实现成员自身目标，又可以兼顾他人利益，社会网络实现了成员间的互惠（Fehr and Gächer，2000；谢洪明等，2011）。本研究基于农户网络关系的互惠行为，选择农户农忙时是否有很多人帮忙、农户遇到困难时是否有很多人想办法帮忙和农户是否经常从周围人那儿获得有用信息等题项来测度农户网络互惠程度。

网络信任是指社会网络成员用长期真实或潜在资源集合而形成的相互信任与默契。Harvey 和 Sykuta（2005）研究认为网络信任可以降低交易成本，有利于促进合作的达成。本研究中选择农户是否觉得周围人都真诚信守承诺、农户是否愿意借东西给周围人、农户对村里发布政策信息的信任程度等问题来衡量农户社会网络中的信任程度。

（三）测度方法

本章运用因子分析法对农户社会网络进行测度。因子分析法是将复杂关系的变量归纳为几个综合因子的一种统计方法，根据各变量间的相关关系，利用降维的思想，将相关性高、联系紧密的变量归为同一类，即得到几个公因子可以大致反映测度变量。如下所述，是因子分析法的实施步骤。

1. 标准化处理

社会网络的测度指标在数量级和单位上并不完全一致，使指标间不能进行直接的有效加总，最终造成社会网络总指数无法测算。因此，在进行因子分析前需要去除原始变量的量纲，即对社会网络的各个表征指标进行标准化处理，以消除各指标无法加总的困难，实现各指标的无量纲化。本章中对原始指标进行标准化的方法为 Z-score 法，具体如下所示：

$$y_i = \frac{x_i - \bar{x}}{s} \tag{4-1}$$

其中，$\bar{x} = \frac{1}{n} \sum_{i=1}^{n} x_i$，$s = \sqrt{\frac{1}{n-1} \sum_{i=1}^{n} (x_i - \bar{x})^2}$

2. 构建因子分析模型

因子分析的目的是降低维度、减少变量个数，以及对原始变量进行再解释及命名，提取公共因子的基本原则是最大限度地保留更多的原始信息。假设现在有 n 个已经进行过标准化处理的原始变量，即测度指标 x_1，x_2，$\cdots$，x_n，满足均值为 0，标准差为 1，并且这 n 个变量可以由 k 个因子 f_1，f_2，$\cdots$，f_k 表示为线性组合。进行因子分析就是要通过分析变量相关系数矩阵的内部结构，并从中找到少数几个能够通过一定线性组合来再现原始变量的因子 f_1，f_2，$\cdots$，f_k，建立因子分析模型，具体的公式表达如下：

$$
\begin{aligned}
x_1 &= a_{11}f_1 + a_{12}f_2 + \cdots + a_{1k}f_k + \varepsilon_1 \\
x_2 &= a_{21}f_1 + a_{22}f_2 + \cdots + a_{2k}f_k + \varepsilon_2 \\
&\vdots \\
x_n &= a_{n1}f_1 + a_{n2}f_2 + \cdots + a_{nk}f_k + \varepsilon_n
\end{aligned}
\tag{4-2}
$$

以上公式，若采用矩阵的形式来表达，可以简化为 $X = AF + \varepsilon$。式中，X 为 n 维变量矢量，分量为原始的可观测变量；F 为 k 维因子矢量，分量为一个公因子；矩阵 A 是因子载荷矩阵，其元素 a_{ij} 为因子载荷；ε 是特殊因子，即原始观测变量中不能用因子解释的部分。

3. 公因子提取

公因子提取的原则是特征值大于 1，即特征值大于 1 即可视为公因子，因子的累计方差贡献率可表达为 $\sum\limits_{i=1}^{m} \lambda_i \left(\sum\limits_{i=1}^{m} \lambda_i \right)^{-1}$，并通过公式 $w_i = \lambda_i \left(\sum\limits_{i=1}^{m} \lambda_i \right)^{-1}$ 确定权重。

4. 测算综合因子得分

进一步，可以根据各公因子的得分与权重计算样本 i 的综合得分：$\theta_i = \sum w_i F_i$，也就是第 i 个农户社会网络总得分和社会网络各维度指数。

（四）测度结果

在分析测度结果前要对因子分析的适用性进行检验，通常采用的检验指标是 KMO 和似然比值（LR）。一般情况下，KMO 值要在 0.5 以上，相对良好的取值要在 0.7 以上，这时才能说明数据适合做因子分析。对于似然比值，通常利用似然统计量的显著性来判断因子分析的适用性。一般情况下，显著性要小于 0.05 才认为因子分析具有适用性，而相对良好的取值要小于 0.01。

本研究中社会网络的 KMO 值为 0.804，LR 检验值的显著性水平为 0.000，Bartlett 球形检验的近似卡方值为 4657.504。根据上述适应性判断标准可以看出，各测度指标和样本数据均通过了 KMO 检验和 LR 检验，表明适合做因子分析。表 4-2 表示析出的因子对社会网络变量总方差的解释程度。虽然，在因子分析中，公因子个数越多越能够更多地对原始变量的总体变异程度进行解释，但在实际提取公因子时并不需要解释原始变量 100% 的变异，因此，需要对析出的公共因子进行适当的取舍。为使得到的公因子经济意义更加合理，通过最大方差法对因子进行了旋转，然后根据特征值大于 1 的原则提取了 4 个公因子，方差贡献率分别为 21.268%、17.352%、17.038% 和 14.644%，累计方差贡献率为 70.302%。一般而言，各因子变量的累计方差贡献率大于 70% 就可说明公因子能够较好地表征所测度的潜变量的结构。由此可以看出，本研究中因子分析析出的 4 个因子能够较好地对社会网络进行表征。

为了对社会网络解释分析更为科学方便，因子分析在提取公因子后，需要对公共因子进行命名，本章根据旋转后的因子载荷矩阵对公因子进行命名，具体结果如表 4-3 所示。由表 4-3 因子分析结果还可以看出，因子 1 在农户是否经常串门、农户家中是否经常有客人来访、农户是否经常与其他农户一起解决日常问题这三个指标上的因子载荷值最大，分别为 0.905、0.880 和 0.732。这三个指标均表示的是农户日常生活中的交流互动情况，一般来讲农户间交往越频繁，互动越多，其消息来源越多，获取的技术信息也越多。因子 1 更多地反映农户间的互动情况，故命名为网络互动（*Interaction*）。

　　因子 2 在农户农忙时是否有很多人帮忙、农户遇到困难时是否有很多人想办法帮忙、农户是否经常从周围人那儿获得有用信息（如婚姻、上学等）这三个指标上的因子载荷值最大，分别为 0.861、0.886 和 0.653。这三个指标表征的是农户在日常生活或困难时期从网络中获得帮助的大小，通常来讲，农户农忙或遇到困难时帮忙的人越多，或从周围人处获取的信息越多，农户在网络中所享有的互惠程度越高。因子 2 更多地反映农户间互惠程度的大小，故命名为网络互惠（*Reciprocity*）。

　　因子 3 在农户是否经常邀请朋友来家里做客、农户是否经常与乡亲们一起玩乐（如打牌、打麻将、跳舞等）和农户是否经常与亲戚朋友彼此走动这三个指标的因子载荷值最大，分别为 0.849、0.716 和 0.774。这三个指标反映了农户在日常生活中与亲戚、朋友以及邻居间关系的远近和亲密程度，通常来讲，经常邀请他人做客、经常和乡亲们一起玩乐或是和亲朋走动较近的农户与他人关系更为密切，网络关系更为亲密。可以看出，因子 3 更多地反映农户间的亲密程度，故命名为网络亲密（*Closeness*）。

　　因子 4 在农户是否觉得周围人都真诚信守承诺、农户是否愿意借东西给周围人和农户对村里发布政策信息的信任程度这三个指标上的因子载荷值最大，分别为 0.799、0.732 和 0.694。农户觉得他人都是真诚守信用的，愿意借东西给其他人表明农户之间相互信任，关系较好，农户对村中发布的政策信息信任说明农户对政府是信任的，村庄内风气良好。因子 4 更多地反映农户间的信任程度，故命名为网络信任（*Trust*）。

表 4 - 2　解释的总方差与因子贡献率

成分	初始特征值			提取平方和载入			旋转平方和载入		
	合计	方差的百分比	累计百分比	合计	方差的百分比	累计百分比	合计	方差的百分比	累计百分比
1	4.0568	33.8066	33.8066	4.0568	33.8066	33.8066	2.5522	21.2682	21.2682
2	2.1229	17.6912	51.4978	2.1229	17.6912	51.4978	2.0822	17.3516	38.6199
3	1.1876	9.8965	61.3943	1.1876	9.8965	61.3943	2.0446	17.0379	55.6578
4	1.0689	8.9079	70.3021	1.0689	8.9079	70.3021	1.7573	14.6443	70.3021
5	0.6560	5.4664	75.7685						
⋮	⋮	⋮	⋮	⋮	⋮	⋮	⋮	⋮	⋮
12	0.2042	1.7018	100						

表 4 - 3　旋转后的成分矩阵

因子	因子1	因子2	因子3	因子4
您经常会到邻居家串门吗？（$SN11$）	0.9054	0.0412	0.1416	0.0180
您家经常会有客人来访吗？（$SN12$）	0.8803	0.0559	0.2139	0.0117
您经常和其他村民一起解决日常问题吗？（$SN13$）	0.7315	0.1391	0.2754	0.0977
您经常邀请朋友来家里做客吗？（$SN21$）	0.0611	0.1460	0.8492	0.1364
您经常与乡亲们一起玩乐（如打牌、打麻将、跳舞）吗？（$SN22$）	0.4290	0.0748	0.7160	0.0366
您家和亲戚朋友会彼此走动吗？（$SN23$）	0.2988	0.1202	0.7739	0.0401
您家里农忙时来帮忙的人多吗？（$SN31$）	-0.0295	0.8611	0.0662	0.1709
您遇到困难时有很多人想办法帮您解决吗？（$SN32$）	0.0430	0.8860	0.0926	0.1393
您能从周围人那儿获得有用信息（如婚姻、上学等）吗？（$SN33$）	0.2901	0.6533	0.2014	0.1455
您觉得周围人真诚信守承诺吗？（$SN41$）	0.0411	0.0703	0.0576	0.7990
您愿意借东西给周围人吗？（$SN42$）	-0.1185	0.1560	0.1156	0.7319
您对村里发布的政策信息相信吗？（$SN43$）	0.2066	0.1839	0.0138	0.6943

　　根据各因子得分及其方差贡献率可以计算社会网络的指标值，具体计算公式为：$SN = $（21.268 × Interaction + 17.352 × Reci-

$procity + 17.038 \times Closeness + 14.644 \times Trust) / 70.302$，式中，$SN$ 代表社会网络，$Interaction$、$Closeness$、$Reciprocity$ 和 $Trust$ 分别是 4 个公因子，也即社会网络的 4 个不同维度。

二　农户社会网络特征分析

（一）农户社会原始表征指标特征分析

将表征农户社会网络的各指标进行描述性统计分析，结果见表 4-4。从整体来看，农户社会网络的 4 个维度中，网络信任的均值最大，其后依次是网络互惠、网络亲密和网络互动，说明农户间有较高的信任程度，农户互惠行为和亲密程度也超过一般水平，而网络互动三个指标的均值均低于一般水平（指标值小于 3），说明农户在互动交流方面并不频繁。从各指标来看，网络互动的三个表征指标中，$SN11$、$SN12$ 和 $SN13$ 的均值分别为 2.5306、2.6381 和 2.8176，可以看出农户间互动交流并不频繁，多数农户较少串门或家中并不经常有客人来访，平时更倾向于与其他村民一起解决日常问题，这也体现了农户大多情况下只在有问题要解决的时候才会互动沟通，日常生活中并不经常交流；表征网络亲密的三个指标 $SN21$、$SN22$ 和 $SN23$ 均值分别为 3.5927、2.8018 和 3.3521，与经常和乡亲们玩乐或是邀请朋友到自己家中做客相比，多数农户更倾向于通过朋友亲戚走动来形成亲密的关系，这可能与农村居民生活方式和农户个体特征有关；表征网络互惠的三个指标 $SN31$、$SN32$ 和 $SN33$ 均值分别为 3.5611、3.5858 和 3.3570，均超过了一般水平，其中 $SN32$ 的均值最大，说明农户经常通过帮助别人或他人帮助来形成互惠互利，其次是通过农忙时相互帮忙和获取有用信息；表征网络信任的三个指标 $SN41$、$SN42$ 和 $SN43$ 均值分别为 3.8343、4.1292 和 3.7880，其中，农户转借物品给他人这一指标的均值最大，对他人信任程度的均值次之，对政策信息信

任程度的均值相对较小，表明受访农户对其他村民的信任程度要
高于政府。

表 4-4 社会网络观测指标的描述性统计

指标	最小值	最大值	均值	标准差
您经常会到邻居家串门吗？（SN11）	1	5	2.5306	1.1950
您家经常会有客人来访吗？（SN12）	1	5	2.6381	1.0646
您经常和其他村民一起解决日常问题吗？（SN13）	1	5	2.8176	0.9942
您家和亲戚朋友会彼此走动吗？（SN21）	1	5	3.5927	0.8598
您经常与乡亲们一起玩乐（如打牌、打麻将、跳舞等）吗？（SN22）	1	5	2.8018	1.0614
您经常邀请朋友来家里做客吗？（SN23）	1	5	3.3521	0.9802
您家里农忙时来帮忙的人多吗？（SN31）	1	5	3.5611	1.0082
您遇到困难时有很多人想办法帮您解决吗？（SN32）	1	5	3.5858	0.8887
您能从周围人那儿获得有用信息（如婚姻、上学等）吗？（SN33）	1	5	3.3570	0.9121
您觉得周围人真诚信守承诺吗？（SN41）	1	5	3.8343	0.7124
您愿意借东西给周围人吗？（SN42）	1	5	4.1292	0.6941
您对村里发布的政策信息相信吗？（SN43）	1	5	3.7880	0.7920

（二）技术采用户与未采用户的社会网络对比

为对比技术采用户与未采用户的社会网络差异，对技术采用
户和未采用户社会网络的原始指标值分别进行了统计分析，结果
见表 4-5。由表 4-5 数据可以看出，未采用节水灌溉技术农户
的社会网络各指标均值均低于采用节水灌溉技术的农户。其中，
除了在表征网络信任的三个指标中，两组的均值相差不大以外，
在网络互动、网络亲密和网络互惠上，技术采用户各指标均值均
明显高于未采用户均值，反映出技术采用户更倾向于同网络成员
进行互动交流，建立亲密的网络关系，并在日常生活或生产方面互

利互助，从而间接表明社会网络对农户技术采用存在促进作用。

表 4 – 5 两组农户社会网络各指标描述性统计

维度	指标	技术采用户		技术未采用户	
		均值	标准差	均值	标准差
网络互动	您经常会到邻居家串门吗？（SN11）	2.6100	1.2051	2.2336	1.1097
	您家经常会有客人来访吗？（SN12）	2.6975	1.0758	2.4159	0.9929
	您经常和其他村民一起解决日常问题吗？（SN13）	2.8713	0.9764	2.6168	1.0359
网络亲密	您家和亲戚朋友会彼此走动吗？（SN21）	3.6438	0.8232	3.4019	0.9628
	您经常与乡亲们一起玩乐吗？（SN22）	2.8488	1.0331	2.6262	1.1467
	您经常邀请朋友来家里做客吗？（SN23）	3.3900	0.9282	3.2103	1.1456
网络互惠	您家里农忙时来帮忙的人多吗？（SN31）	3.5638	1.0246	3.5514	0.9468
	您遇到困难时有很多人想办法帮您解决吗？（SN32）	3.6088	0.8954	3.5000	0.8599
	您能从周围人那儿获得有用信息吗？（SN33）	3.3838	0.8986	3.2570	0.9565
网络信任	您觉得周围人真诚信守承诺吗？（SN41）	3.8488	0.7046	3.7804	0.7401
	您愿意借东西给周围人吗？（SN42）	4.1325	0.6749	4.1168	0.7632
	您对村里发布的政策信息相信吗？（SN43）	3.7900	0.7789	3.7804	0.8411

对因子分析得到的社会网络总指数和各维度指数进行分组统计，结果如表 4 – 6 所示。由于因子分析得到样本总体的社会网络指数和各因子均值为 0，因此社会网络总指数和各因子的均值在一组农户中大于 0，在另一组农户中小于 0。从表 4 – 6 可以看出，节水灌溉技术采用户在社会网络总指数和各维度上的均值均大于未采用节水灌溉技术的农户，在一定程度上也说明了社会网络可以促进农户技术采用。

表 4 – 6 两组农户社会网络总指数及因子描述性统计

指标	采用户		未采用户	
	均值	标准差	均值	标准差
社会网络总指数	2.1248	34.7006	– 7.9432	37.2342

指标	采用户		未采用户	
	均值	标准差	均值	标准差
网络互动	0.0538	1.0092	− 0.2011	0.9403
网络互惠	0.0095	1.0101	− 0.0356	0.9626
网络亲密	0.0430	0.9635	− 0.1607	1.1137
网络信任	0.0057	0.9566	− 0.0211	1.1500

三 政府农业技术推广服务的测度及特征分析

（一）政府农业技术推广服务的测度

政府农业技术推广服务（以下简称"推广服务"）是农户获取农技信息的重要渠道，它与社会网络类似，也不易被直接观测，需要借助一些外显指标进行测度。目前对农业技术推广服务的测度研究相对较少，学者更多地从有无政府技术推广以及与农技站距离等外显指标进行表征，如 Doss（2006）采用农户是否使用推广服务来表征政府推广，Boahene 等（1999）利用农户接受推广服务的次数、农户是否在特定时间段内接受推广或参加田间指导等作为农业技术推广服务的观测指标，也有研究中将农户是否联系技术人员或是否联系示范户作为衡量推广服务的代理变量。

本研究中推广服务的测度相对比较简单，主要结合实地调研情况，在前人研究的基础上，选择代理变量对推广服务进行表征。总样本农户接受节水灌溉技术推广服务情况如表 4 - 7 所示。从表 4 - 7 中可以看出，69.62% 的农户接受过技术推广服务，农户平均接受推广服务的次数为 1.3645 次，农户平均接受技术推广服务的形式有 1.6754 种，说明技术推广服务强度有待提高，技术推广服务形式缺乏多元化。

表 4 - 7 农户接受节水灌溉技术推广服务情况

指标	具体问题	最小值	最大值	均值	标准差
是否推广	农户是否接受过节水灌溉技术推广服务?	0	1	0.6962	0.8976
推广次数	农户接受过几次节水灌溉技术推广服务?	0	9	1.3645	4.7854
推广形式	农户接受过几种形式的节水灌溉技术推广服务?	0	5	1.6754	3.6783

如表 4 - 8 所示，为了测度节水灌溉技术推广服务水平，本研究进一步对接受过推广服务的农户进行了深入考察，从推广强度、推广质量、推广水平和推广态度四个方面让农户对其接受的技术推广服务做出评价。

表 4 - 8 政府农业技术推广服务水平测度指标

指标	具体问题	变量赋值
推广强度	农技部门提供的推广服务多少?	很少 =1，较少 =2，一般 =3，较多 =4，很多 =5
推广质量	农技部门推广内容作用大小?	很少 =1，较少 =2，一般 =3，较多 =4，很多 =5
推广水平	农技人员指导的技术水平如何?	很少 =1，较少 =2，一般 =3，较多 =4，很多 =5
推广态度	农技人员技术指导的态度如何?	很少 =1，较少 =2，一般 =3，较多 =4，很多 =5

（二）政府农业技术推广服务特征分析

1. 样本总体的推广服务统计分析

对接受政府农业技术推广服务的农户进行统计分析，结果见表 4 - 9。从表中可知，农户感知的推广强度均值为 2.3651，低于一般水平，说明政府节水灌溉技术推广服务存在次数较少、强度较弱的现象，这与调研中一些农户反映的推广服务只在技术推广初期存在，在技术采用过程中缺乏推广人员指导等现实相符合。推广质量的均值为3.4132，说明农户认为农技部门推广的内容对其采用节水灌溉技术有所帮助，但并未达到较有帮助的水平。从农技人员的技术水平和指导态度来看，推广水平均值为3.5365，推广态度的均值为3.2123，表明在实际节水灌溉技术推广过程中推广人员的水平和态度略高于一般水平，仍有较大的提升空间。

表4-9　推广服务的描述性统计

指标	具体问题	最小值	最大值	均值	标准差
推广强度	农技部门提供的推广服务多少	1	5	2.3651	1.4335
推广质量	农技部门推广内容作用大小	1	5	3.4132	0.9214
推广水平	农技人员指导的技术水平如何	1	5	3.5365	1.2824
推广态度	农技人员技术指导的态度如何	1	5	3.2123	1.1421

2. 技术采用户与未采用户的政府农业技术推广服务对比

节水灌溉技术采用户和未采用户对推广服务评价的对比如表4-10所示。可以看出，节水灌溉技术采用户对推广服务的评价值均高于未采用户，在推广强度和推广质量两个方面两组的差距相对较大，这也从侧面反映出政府农业技术推广服务对农户技术采用具有促进作用，可能是由于农户接受推广服务强度、质量等方面的差异。

表4-10　两组农户的推广服务的描述性统计

指标	具体问题	采用户		未采用户	
		均值	标准差	均值	标准差
推广强度	农技部门提供的推广服务多少	2.3895	1.3439	2.2739	1.4097
推广质量	农技部门推广内容作用大小	3.4567	0.8237	3.2506	0.9079
推广水平	农技人员指导的技术水平如何	3.5428	1.1817	3.5129	1.2594
推广态度	农技人员技术指导的态度如何	3.2123	1.1293	3.1768	1.0928

四　本章小结

在以往研究基础上，本章界定了社会网络的内涵，并在此基础上构建了社会网络的测度指标体系。进而，借助因子分析法，测算了社会网络及其各维度指数，并对农户社会网络的基本情况进行了描述性统计分析。此外，本章选取了表征指标对推广服务进行测度，并从推广强度、推广质量、推广水平和推广态度四个方面进一步考察了接受过推广服务的农户对政府农业技术推广服务的评价。主要研究发现如下。

（1）分别从网络互动、网络亲密、网络互惠和网络信任四个维度选取观测指标，构建了较为系统、科学的社会网络测度指标体系。进一步分析书中采用的因子分析法，也能够较好地契合本书样本数据。

（2）整体来看，受访农户社会网络状况相对较好，在四个维度中，网络信任程度得分最高，其后依次是网络互惠程度、网络亲密程度和网络互动程度。

（3）进一步，在对比分析节水灌溉技术采用户和未采用户的社会网络状况时发现，未采用技术农户的社会网络总指数和各指标均低于技术采用户。其中，除了两组农户在网络信任方面相差不大以外，在网络互动、网络亲密和网络互惠上，技术采用户各指标均值均明显高于未采用户均值。

（4）69.62%的样本农户接受过技术推广服务，平均接受推广服务的次数为1.3645次，农户平均接受推广服务的形式有1.6754种，节水灌溉技术推广服务强度有待提高，技术推广服务形式缺乏多元化。农户感知的政府推广强度均值为2.3651，低于一般水平，推广质量的均值为3.4132，推广水平均值为3.5365，推广态度的均值为3.2123，推广服务的质量、推广人员的水平和态度略高于一般水平，但仍有较大的提升空间。

（5）通过对比节水灌溉技术采用户和未采用户对推广服务的评价发现，在推广强度、推广质量、推广水平和推广态度四个方面，技术采用户对推广服务的评价均高于未采用户，其中在推广强度和推广质量方面两组的差距相对较大。

第五章

农户节水灌溉技术信息获取渠道
选择偏好及影响因素

上一章对社会网络与农业技术推广服务进行了测度，对样本区域内农户社会网络与政府农业技术推广服务两种信息获取渠道进行了特征分析与比较，本章将从上述两种信息渠道出发，考察在技术采用初期农户获取节水灌溉技术信息的主要渠道偏好及影响因素。结合已有研究与不同信息渠道的特征，将目前农户获取技术信息的渠道主要划分为社会网络渠道、政府推广渠道与媒体渠道三种类型，阐述农户通过各渠道获取技术信息的途径和特征，从而探究不同特征下农户获取节水灌溉技术信息的主要渠道来源、偏好选择与影响因素。

一　问题的提出

农业科技具有改善农民劳动条件、降低劳动强度、优化资源配置、提高生产效率等优势（陆文聪、余新平，2013；陈祺琪等，2016），是推动我国传统农业向现代农业转变的根本，对确保国家粮食安全和实现可持续发展具有重要意义。农民作为农业科技的具体实施者，新技术只有被其理解接受并运用于生产经营活动中，才能直接转化为生产力。技术信息是农户技术选择和决策的基础，在提高资源配置效率和降低生产风险等方面具有十分重要的作用。现阶段农户农业技术信息来源具有多元化和差异性特征，但农业技术信息传播过程中仍然存在针对性不强、内容难以理解、传播渠道单一等问题（张蕾等，2009；李小丽、王绯，2011；张贵兰等，2016），最终导致农业技术信息的有效供给与有效需求难以实现对称，从而阻碍了农业新技术的推广与扩散。基于此，明确农户获取农业技术信息的主要渠道，分析其技术信息来源的差异，探讨农户信息渠道依赖的影响因素，对现代农业技术推广与农户技术采用具有重要意义。

已有学者研究表明信息传播和信息获取对农户从事农业生产活动具有积极作用（Singh，2013；Haile et al.，2015），学者认为信息对生产的促进作用主要表现在信息传播有利于促进农村经济发展，农户信息获取行为能够实现其与市场的有效联结（刘玉花等，2008；毛飞、孔祥智，2011），信息水平与信息能力可以助推技术扩散，促进农村创业创新（高静、贺昌政，2015；张博等，2015）。然而，伴随我国信息通信技术的快速发展，大众传媒（如电视、广播等）和新兴媒体（如手机、互联网等）逐渐进入农村并被广泛应用，农村地区信息传播方式、方法、内容不断创新，农户信息来源的渠道与种类可能存在较大差异。就目前学者探讨的农户农业技术信息获取的主要渠道而言，主要包括传统的口头传播（如亲朋邻居、其他社会人员、农技人员等）和运用现代通信设备（如手机、媒体、电视广播、网络等）。由于这些渠道所含的技术信息往往不是同质的，那么这些信息传播渠道的特点分别是什么？农户偏好从何种渠道获取技术信息？以往对农户生产行为的研究大多基于农户信息同质的假设，关于农业技术信息获取渠道的研究相对匮乏。

目前，关于渠道选择的研究主要集中在农业生产资料购买渠道、农产品销售渠道和融资渠道选择等方面（韩军辉、李艳军，2005；秦建群等，2011；侯建昀、霍学喜，2013）。随着农业新技术受到国家和广大农民的重视，有关农业技术传播途径方面的研究逐渐引起学者重视。较之国内，国外针对农户信息获取渠道方面的研究较早且积累了许多研究经验，如 Abiola 等（2014）研究发现家禽生产者的信息来源主要渠道为农业推广人员；Nyambo 和 Ligate（2013）对坦桑尼亚腰果种植农户研究发现，示范户、收音机、推广人员田间示范是其获取生产、销售信息的主要渠道；Ahuja 等（2015）对印度 60 个不同规模的农场农户的调查研究发现，90% 以上的农户通过手机获取关于农业投入、产出价格信息。从已有研究结论来看，学者将影响农户获取、接受并利用信息的因素归纳为农户个体、家庭、社会以及经济发展等方面（李小丽、王绯，2011；陶建杰，2013）。目前，国内有关农户农业技术信息渠道选择影响因素的研究并不多见，仅有少数学者探讨了农户内在因素（如年龄、文化程度、风险偏好等）和外在因素（如农户的收入水平、耕地面积等）对其信息获取渠道选择的影响，研究所选取的影响因素也大致相同，并未针对某一技术特征或农户异质性进行深入研究，仅有极少数学者认为不同类型农户、不同性质的信息会依赖不同的媒介和渠道（谭英等，2004；马九杰等，2008；李小丽、王绯，2011）。

　　鉴于现有研究中技术信息获取渠道划分不尽相同，针对农业技术信息渠道选择的研究并不多见，本章利用甘肃省农户调查数据，在对农业技术信息获取渠道的特征分析基础上，深入研究农户在技术信息获取渠道的选择偏好，了解和掌握在现阶段信息多样化和信息传播渠道多元化的环境下农户获取科技信息的主要渠道，为促进区域农业科技信息工作以及完善农户信息服务提供启示和帮助。与以往研究不同之处在于：一是通过文献和理论分析，明确农户获取技术信息的主要渠道，探讨不同渠道在信息传播中的特征与差异；二是以节水灌溉技术为例，探讨了农户对不同信息获取渠道的选择及影响因素，从农户层面为信息传播和技术扩散提供启示。

二　农户技术信息获取渠道特征及影响因素分析

（一）农户信息获取渠道划分及渠道特征

国内有关农业技术信息获取渠道的研究相对较少，关于信息传播渠道的划分不尽相同。以往学者研究大致将农技信息渠道类型分为人际传播渠道、组织传播渠道和大众传播渠道（谭英等，2004；程曼丽，2006；董璐，2008）。人际传播渠道具有简单便捷、亲切生动等特征，在说服和沟通方面传播效果明显，在农技信息传播过程中发挥着重要作用。如 Shiferaw 和 Holden（1998）、Negatu 和 Parikh（1999）等研究发现邻里交流是农户获取相关新技术信息十分重要的途径；马骥（2006）对农户购买化肥时信息获取途径进行了调查，结果发现农户主要通过化肥销售商家和亲朋好友推荐来获取化肥产品的相关信息。组织传播渠道是指农业推广机构、科研院所、农业合作社或企业等组织对农户进行信息传播，具有较强的组织性、科学性、服务性和适用性，可为农户带来专业的技术知识和采用方法，在农户中较容易产生信任，如韩军辉和李艳军（2005）认为政府和村委会是农户获取农业技术信息的主要渠道。大众传播渠道是指以新闻报道、科学普及等多样化的节目将新技术渗透到农户中，逐渐改变农户生产方式，主要依靠收音机、广播、杂志、互联网等媒介，其发挥的作用也越来越重要。如李小丽和王绯（2011）研究认为广播电视宣传等传统媒介和手机、网络等新兴媒介逐渐成为农户获取农业技术信息的主要渠道。

目前，农业技术推广服务是我国政府干预农户技术采用行为的主要手段，也是农户获取技术信息的重要渠道，其中一种重要形式是通过农技人员下乡对农户进行技术示范与指导。与亲朋邻居沟通互动获取技术信息相比，和农技人员的联系交流更易于获得与技术产品相关的专业知识、信息和服务。通过农技人员和亲朋邻居获取技术信息的方式和内容也会存在较大差异，因此将邻居亲朋和农技人员均归纳为人际传播渠道研究农户偏好可能存在偏差。鉴于此，考虑到信息传播主体特征和渠道内信息的异质性，同时我国是一个血缘、亲缘、地缘和业缘关系交织在一起的社会网络特征明显的国度，农村社区农户之间交流、学习以及资金、信息、技术甚至情感的支持，主要依靠社会网络进行，农户通过社会互动交流和学习，可以有效获取信息，本章将农户农业技术信息获取渠道分为社会网络渠道、政府推广渠道和媒体渠道。表 5-1 左右两部分分别汇报了以往研究和本章研究中三种主要农户获取农业技术信息渠道包含的内容。

表 5-1　农户农业技术信息获取主要渠道类型

信息渠道类型	具体农技信息渠道	信息渠道类型	具体农技信息渠道
人际传播渠道	农技人员、亲友乡邻、科技下乡活动、农业大户、示范户或科技能人	社会网络渠道	亲戚、朋友、邻居、其他农户
组织传播渠道	各级干部、政府宣传资料、专业协会、合作社、企业宣传与推广、外地带来	政府推广渠道	农技推广人员、村干部、村板报、村广播
大众传播渠道	电视、报纸、收音机、村广播、杂志、互联网、其他	媒体渠道	电视、报纸、收音机、广播、杂志、互联网等

（二）农户信息获取渠道选择偏好的影响因素分析

农户异质性导致信息需求的多样性，农户会根据其需求及偏好选择便捷的渠道。已有学者研究发现农户个体特征（如年龄等）、家庭经营特征（如种植规模等）对农户信息渠道选择有影响。例如，在农户个体特征方面，何学华和胡小波（2008）研究认为年轻农户较年长农户而言更偏向于通过网络和手机信息来获取农业技术信息，而孙剑和黄宗煌（2009）研究认为年龄与农户购买农业服务的渠道偏好之间没有显著相关关系。陆建飞等（2002）研究发现农户受教育程度越高，对信息传播渠道的要求越高，从而更倾向于从农机部门、科研单位获取信息；李小丽和王绯（2011）研究指出受教育程度较低的农户通常选择人际传播渠道，而受教育程度较高的农户倾向于选择报纸、电视或网络等大众传播渠道。在家庭经营特征方面，张蕾等（2009）研究发现随着农户种植规模的增加，农户会更加倾向于从农技人员、专业合作社、农户协会或农业企业等渠道获取信息，而加入合作社的农户可能有机会接触到更多的农业技术信息；简小鹰等（2007）、赵瑞琴等（2011）的研究指出，相较于低收入农户一般选择简单的人际传播渠道获取信息，较高收入的农户趋向选择大众传播渠道。同时，技术信息需求的多样性以及农户技术认知的异质性会驱使农户选择最方便的渠道满足其需求和偏好。不同的技术采用行为也会导致不同的信息渠道依赖，如李南田等（2004）指出农户在获取栽培管理技术信息时会倾向于选择电视、广播或书本资料。闫振宇等（2011）研究认为技术员是养殖农户获取防疫信息的重要渠道，此外，农户通过社会互动交流和学习，可以获取有效信息，改进自己的知识积累，提高技术利用效率。旷浩源（2014）研究发现通过社会网络可以传播技术、信息等隐性知识，从而提高技术扩散速度和增加潜在采用者。外部环境特征也是影响农户技术信息获取的重要因素，储成兵和李平（2014）研究发现距离市场、乡镇远并且交通闭塞的农户了解和学习新技术的机会少。在已有研究基础上，本章假设农户个体特征、家庭经营特征、技术采用特征、社会网络特征和外部环境特征均对其信息获取渠道有影响。

三　数据来源、变量说明与模型选择

（一）数据来源及样本描述

本章研究所用数据来自"西北地区农户现代灌溉技术采用研究：社会网络、学习效应与采用效率"课题组 2014~2015 年对甘肃省民勤县和甘州区的农村入户调查。调研共发放问卷 1047 份问卷，获得有效问卷 1014 份，样本有效率为 96.85%。所用样本的具体情况如第三章所述。

本章将农户获取农业技术信息的主要渠道分为三大类：社会网络渠道、政府推广渠道和媒体渠道。社会网络渠道是指农户通过面对面或者凭借简单媒介，如电话等从亲友、邻居或者其他农户处获得农业技术信息的渠道；政府推广渠道是政府各级干部、农技人员、政府宣传资料、村广播、村板报等农户获取农业技术信息的渠道；媒体渠道包括电视、报纸、收音机、广播、杂志、互联网等传媒渠道。在实地调研中，通过询问"您获取节水灌溉技术的信息来源的种类有哪些"这一问题来测度农户信息渠道种类，其中设置了亲戚、朋友、邻居、其他农户、农技推广人员、村干部、村板报、村广播、电视、书刊、报纸、手机、科技推介会等选项供农户选择，并要求农户按照信息来源多少对各渠道进行重要性排序，以此考察农户农业技术信息获取的主渠道选择偏好。在调查样本中，70.12% 的农户获取农业技术信息的渠道只有 1 种，93.39% 的受访农户信息获取渠道相对单一（仅有 2 种渠道）。46.94% 的农户表示通过社会网络渠道是获取农业技术信息的主要渠道，36.98% 的农户表示政府推广渠道是其获取农业技术信息的主渠道，仅有 16.07% 的农户获取农业技术信息的主渠道来自媒体（见表 5-2）。

表 5 – 2　样本农户主要信息来源渠道统计

信息来源主渠道	社会网络渠道	政府推广渠道	媒体渠道
农户数（户）	476	375	163
所占比例（%）	46.94	36.98	16.07

（二）变量说明

1. 因变量

本章将农户农业技术信息获取渠道种类和主渠道选择作为被解释变量，信息渠道种类衡量了农户获取节水灌溉技术信息的广度，信息渠道选择表征了农户节水灌溉技术信息获取依赖的主要渠道。实地调研中通过询问农户"您获取节水灌溉技术的信息来源的种类有哪些？"来测度农户信息渠道种类，其中设置了亲戚、朋友、邻居、其他农户、农技推广人员、村干部、村板报、村广播、电视、书刊、报纸、手机、科技推介会等选项供农户选择，并要求农户按照信息来源多少对各渠道进行重要性排序，然后按照上文中信息获取渠道的划分标准将农户信息获取的主要渠道划分为社会网络渠道、政府推广渠道和媒体渠道三大类，以此考察农户农业技术信息获取的主渠道选择偏好。

2. 自变量

在已有研究基础上，将影响农户农业信息获取渠道选择的核心因素划分为个体特征、家庭经营特征、技术采用特征、社会网络特征和外部环境特征 5 个维度 21 个指标作为模型解释变量。其中，农户个体特征变量包括性别、年龄、文化程度和村中职务；家庭经营特征变量包括农业劳动力数量、种植规模、农业收入占比和合作社；根据节水灌溉技术采用与推广的现实情况，选择技术认知、技术采用、技术推广和技术示范四个技术采用特征变量；根据上文对社会网络的测度，将社会网络特征划分为网络互动、网络亲密、网络互惠和网络信任四个维度；考虑数据可获性和规避内生性问题，本章采用户数、与乡政府距离、与集市距离、与车站距离和与农技站距离等外显变量来表征被访农户的外部环境。

具体变量设定和描述性统计结果如表 5 - 3 所示。从统计结果来看，农户获取节水灌溉技术信息渠道种类的均值为 1.38，表明大多数农户只有 1 ~ 2 种信息来源；主要渠道选择的均值为 1.69，表明大部分农户倾向于从社会网络渠道和政府推广渠道获取节水灌溉技术信息。在农户个体特征方面，受访农户多为男性农户，占总样本的 65%；年龄均值在 52 岁，文化程度均值为 2.53，表明农户平均受教育程度为小学水平；农户家庭平均拥有 2.12 个农业劳动力，平均种植面积为 16.93 亩。总体而言，样本农户各方面特征与当前我国西部农村实际状况较为一致。

表 5 - 3　变量说明、赋值及描述性统计

变量	变量说明	最小值	最大值	均值	标准差
因变量					
信息渠道种类	农户获取节水灌溉技术信息来源的种类（种）	1	8	1.38	0.69
主要渠道选择	农户获取节水灌溉技术信息的主要渠道：1＝社会网络渠道（亲戚、朋友、邻居、其他农户等），2＝政府推广渠道（农技推广人员、村干部、村板报、村广播等），3＝媒体渠道（电视、报纸、收音机、广播、杂志、互联网等）	1	3	1.69	0.73
自变量					
个体特征					
性别	农户的性别：1＝男，0＝女	0	1	0.65	0.48
年龄	农户的实际年龄（岁）	25	80	51.82	9.53
文化程度	农户的受教育程度：1＝不识字或识字很少，2＝小学，3＝初中，4＝高中（含中专），5＝大专及以上	1	5	2.53	0.99

续表

变量	变量说明	最小值	最大值	均值	标准差
村中职务	农户是否是村干部：1 = 是，0 = 否	0	1	0.09	0.29
家庭经营特征					
农业劳动力数量	农户家庭农业劳动力数量（人）	1	6	2.12	0.71
种植规模	农户家庭实际种植面积（亩）	1	120	16.93	13.72
农业收入占比	农户家庭年农业收入占总收入比重	0	1	0.60	0.33
合作社	农户家庭是否加入农业合作社：1 = 是，0 = 否	0	1	0.07	0.26
技术采用特征					
技术认知	农户对节水灌溉技术的了解程度：1 = 很不了解，2 = 不了解，3 = 一般，4 = 了解，5 = 很了解	1	5	3.33	1.05
技术采用	农户是否采用节水灌溉技术：1 = 采用，0 = 未采用	0	1	0.74	0.44
技术推广	政府对农户村庄是否有技术推广：1 = 是，0 = 否	0	1	0.91	0.29
技术示范	农户所在村庄是否有技术示范户：1 = 是，0 = 否	0	1	0.50	0.50
社会网络特征					
网络互动	通过前文因子分析得分计算	-2.29	2.88	0	1
网络亲密	通过前文因子分析得分计算	-3.48	2.66	0	1
网络互惠	通过前文因子分析得分计算	-3.46	2.01	0	1
网络信任	通过前文因子分析得分计算	-4.54	2.51	0	1
外部环境特征					
户数	农户所在居民小组的总户数（户）	16	200	52.30	27.53
与乡政府距离	农户家与所在乡政府的实际距离（里）	0.2	24	5.82	4.69

续表

变量	变量说明	最小值	最大值	均值	标准差
与集市距离	农户家与最近集市的实际距离（里）	0.2	24	5.32	4.45
与车站距离	农户家与最近车站的实际距离（里）	0.2	24	4.30	4.25
与农技站距离	农户家与最近农技站的实际距离（里）	0.2	20	6.09	5.14

（三）模型选择

（1）当被解释变量是农户技术信息获取渠道的数目时，因变量取值为较小的非负整数，是计数变量，这类变量服从泊松分布，因此本章使用 Poisson 回归进行估计，具体模型如下所示。

将农户个体信息获取渠道的种类用 Y_i 表示，假设 $Y_i = y_i$ 的概率由参数为 λ_i 的泊松分布决定：

$$P = (Y_i = y_i \mid x_i) = \frac{e^{-\lambda_i}\lambda_i^{y_i}}{y_i!} \quad (y_i = 0,1,2,\cdots) \qquad (5-1)$$

其中，$\lambda_i > 0$ 为泊松到达率，表示事件平均发生的次数，由解释变量 x_i 决定。

（2）当被解释变量为农户主要信息获取渠道选择偏好时，因变量有选择或不选择两种情况，是 0、1 二元变量，本章使用 Logit 模型进行分析。设定 Y 为因变量，则 $Y = 0$ 表示农户不选择此渠道作为信息获取的主要渠道，$Y = 1$ 表示选择次渠道作为信息获取的主要渠道，Logit 模型的函数表示如下：

$$\ln\left(\frac{p}{1-p}\right) = \beta_0 + \beta_1 X_1 + \beta_2 X_2 + \cdots + \beta_i X_i + \varepsilon \qquad (5-2)$$

其中，p 表示农户选择此渠道作为信息获取主要渠道的概率，β 为待估参数，X 为影响农户信息渠道选择的因素，ε 为随机误差。

四 实证分析

在前文描述性统计分析的基础上，为进一步验证农户节水灌溉技术信息获取渠道选择的影响因素，首先通过建立泊松回归模型考察影响农户信息获取渠道广度的因素，即此时的因变量为农户信息获取渠道种类。其次利用 Logit 模型对农户获取信息三种主渠道选择的影响因素展开分析，此时因变量为农户获取信息的主要渠道选择，即社会网络渠道、政府推广渠道、媒体渠道三种，当农户选择某一信息获取渠道时赋值为 1，否则为 0。自变量包括农户个体特征、家庭经营特征、技术采用特征、社会网络特征和外部环境特征五组变量。汇总后模型回归分析结果如表 5 - 4 所示。

根据回归结果可以看出，在农户个体特征中，性别、年龄可以影响农户信息渠道获取种类，并分别在 5% 的水平显著，其中性别对农户信息渠道种类的丰富有正向影响，表明男性户主的信息获取渠道要多于女性，信息来源较广，这与高升（2011）的研究结论相一致。年龄对农户信息渠道种类有显著负向影响，说明年轻农户信息渠道种类较多，可能的原因是年轻农户信息搜寻能力较强，信息获取渠道更为广泛，这一研究结果与农户实际情况也较为符合。在家庭经营特征中，农业劳动力数量对农户获取信息渠道种类有正向影响，并在 5% 的水平显著，农业收入占比对农户信息获取渠道种类的影响在 1% 的水平负向显著，农户家庭加入合作社对其信息获取渠道种类的影响在 1% 的水平正向显著。在技术采用特征中，技术示范正向影响农户信息获取渠道种类，并在 1% 的水平显著。在社会网络特征中，网络互惠程度对农户信息渠道种类的影响程度在 1% 的水平正向显著。在外部环境特征中，与集市距离正向影响农户信息获取渠道种类，并在 10% 的水

表 5 - 4 农户节水灌溉技术信息获取渠道选择影响因素回归结果

变量	信息渠道种类		社会网络渠道		政府推广渠道		媒体渠道	
	系数	T值	系数	T值	系数	T值	系数	T值
性别	0.13**	2.51	0.11	0.70	-0.11	-0.67	0.00	0.02
年龄	-0.01**	-2.18	-0.02**	-2.23	0.02**	2.18	0.00	0.06
文化程度	-0.02	-0.72	-0.04	-0.54	-0.09	-1.06	0.22**	2.05
职务	0.03	0.36	-0.70***	-2.89	0.31	1.30	0.56**	2.09
农业劳动力数量	0.07**	2.39	0.20**	2.08	-0.16	-1.56	-0.11	-0.82
种植规模	0.00	0.84	0.00	-0.56	0.00	0.47	0.00	0.28
农业收入占比	-0.21***	-2.75	-0.63***	-2.74	0.64***	2.65	0.08	0.26
合作社	0.28***	3.29	0.45*	1.73	-0.32	-1.15	-0.29	-0.78
技术认知	0.00	-0.08	-0.09	-1.45	0.11*	1.66	-0.03	-0.34
技术采用	0.00	-0.06	0.04	0.23	0.29*	1.69	-0.53***	-2.54
技术推广	-0.06	-0.79	0.08	0.34	-0.28	-1.06	0.26	0.77
技术示范	0.21***	4.28	0.08	0.53	-0.15	-0.99	0.14	0.70
网络互动	-0.04	-1.63	0.17**	2.25	-0.08	-1.00	-0.17*	-1.68
网络亲密	-0.03	-1.23	0.08	1.08	-0.13	-1.62	0.06	0.60

续表

变量	信息渠道种类		社会网络渠道		政府推广渠道		媒体渠道	
	系数	T值	系数	T值	系数	T值	系数	T值
网络互惠	0.07***	2.77	0.06	0.80	-0.07	-0.84	0.00	0.04
网络信任	0.04	1.45	0.14*	1.84	-0.26*	-3.25	0.19*	1.74
户数	0.00	0.11	0.00	-0.67	0.00	-0.43	0.00	1.39
与乡政府距离	0.01	1.56	0.04	1.33	-0.05	-1.57	0.01	0.34
与集市距离	0.01*	1.68	0.01	0.29	-0.04	-1.37	0.05	1.26
与车站距离	-0.01**	-1.99	-0.03	-1.42	0.02	1.06	0.01	0.36
与农技站距离	-0.02**	-2.08	-0.01	-0.47	0.05*	2.05	-0.07**	-1.98
系数	1.39	5.98	-0.45	-0.62	0.33	0.44	-2.48	-2.56

注：***、**、*分别表示1%、5%和10%的显著性水平。

平显著，与车站距离和与农技站距离均在 5% 的水平负向影响农户信息获取渠道种类。

　　进一步对农户信息获取主渠道选择影响因素进行分析，当农户节水灌溉技术信息获取的主要渠道为社会网络渠道时，在个体特征中，年龄和职务的影响显著为负，表明年轻的农户更倾向于通过社会网络获取信息，可能的原因是年轻的农户种植经验相对少，他们更倾向于向周围其他农户学习，通过交流来获取技术信息。与村干部相比，普通农户更倾向于通过社会网络交流获取技术信息，村干部农户可能更倾向于通过政府推广渠道和媒体渠道获取技术信息。在家庭特征中，农业劳动力数量对农户选择社会网络渠道有正向影响，原因可能是家庭务农人数越多，农户越可能与周围农户相互讨论交流。农业收入占比越低，农户越倾向于通过社会网络渠道获取技术信息，因为农户倾向于向种植大户学习经验。加入合作社正向影响农户选择社会网络作为主渠道。此外，社会网络特征中的网络互动程度和网络信任程度对农户选择社会网络这一主渠道有显著的正向影响，表明经常与亲朋交流的农户更倾向于通过社会网络获取技术信息。

　　当农户获取节水灌溉技术信息的主渠道为政府推广渠道时，在个体特征中，年龄的影响在 5% 的水平正向显著，表明年龄大的农户更加倾向于通过政府推广渠道获取技术信息。在家庭经营特征中，农业收入占比对农户选择政府推广渠道有显著正向影响，可能的原因是农业收入占比高的农户对农业依赖加大，更倾向于通过专业渠道获取农业技术信息促进生产。在技术采用特征中，技术认知和技术采用对政府推广渠道的选择均在 10% 的水平正向显著，说明对节水灌溉技术有一定认知和采用了节水灌溉的农户更倾向于从政府渠道获取技术信息。而在社会网络特征变量中，网络信任程度对政府推广渠道的选择具有显著负向影响，可能的原因是对周围农户信任程度较低的农户更倾向于选择政府推广渠道。在外部环境特征中，与农技站的距离正向影响政府推广渠道的选择，原因可能是政府技术推广存在选择性，推广节水灌溉技术的村庄离农技站相对较远。

当农户节水灌溉技术信息获取的主渠道为媒体渠道时，个体特征中的文化程度和职务对媒体渠道的选择均在5%的水平正向显著，说明文化程度较高、担任村干部的农户通过媒体渠道获取技术信息的可能性相对较大。在技术采用特征中，技术采用的影响效果在1%的水平负向显著，可能的原因是采用了节水灌溉技术的农户更倾向于从政府推广渠道获取农业技术信息。在社会网络特征中，网络互动程度的影响效果为负，表明与其他农户互动不频繁的农户更倾向于通过电视、手机等媒体渠道获取信息，同时网络信任程度的影响效果为正，表明对其他农户信任程度高的农户可能对媒体发布的信息也较为信任，选择媒体作为信息获取的主要渠道。在外部环境特征中，与农技站的距离对农户媒体渠道选择的影响在5%的水平负向显著，可能的原因是距离农技站较近的农户可能在城区，对农业依赖程度并不高，现代化水平较高，更倾向于通过媒体渠道获取技术信息。

五　本章小结

利用甘肃省1014个农户调查数据，以节水灌溉技术为例，将农户获取农业技术信息的主要渠道分为社会网络渠道、政府推广渠道和媒体渠道三大类，并实证分析了影响农户技术信息获取渠道种类和主要渠道依赖的因素，主要结论如下。

（1）在调研区域内，农户获取农业技术信息的渠道相对单一，93.39%的农户获取节水灌溉技术信息的渠道只有2种，社会网络渠道是46.94%的农户获取技术信息的主要渠道，36.98%的农户选择政府推广渠道，而以媒体渠道为主的农户相对较少。

（2）性别、农业劳动力数量、合作社、技术示范、网络互惠、与集市距离等变量对农户农业技术信息获取渠道的种类有显著的正向影响，年龄、农业收入占比、与车站距离和与农技站距离等变量对农户农业技术信息获取渠道的种类有显著的负向影响。

（3）不同特征的农户对不同农业技术信息获取渠道的依赖程度不同，总体而言，年轻农户倾向于通过社会网络获取信息，年龄大的农户倾向于从政府推广渠道获取信息，村干部和文化程度较高的农户倾向于通过政府推广渠道和媒体渠道获取技术信息，家庭农业劳动力占比较高、农业收入占比较低的农户以社会网络渠道为主获取信息，而技术认知较高的技术采用户则主要依赖政府推广渠道获取信息，此外，与其他农户互动较少和对他人信任程度较高的农户倾向于选择媒体渠道获取信息。

社会网络与农业技术推广服务对农户节水灌溉技术采用决策的影响

上一章我们探讨了农户获取节水灌溉技术信息的主要渠道来源、选择偏好与影响因素，从信息获取的视角分析了社会网络、农业技术推广服务在技术采用中的作用。为进一步探究这两种主要信息获取渠道对农户技术采用决策的影响，首先，本章从理论层面分析了社会网络、农业技术推广服务及两种信息渠道的交互作用对农户技术采用决策的影响；其次，基于农户调查数据，实证分析了社会网络与农业技术推广服务两种渠道对农户节水灌溉技术采用决策的影响，并重点考察了两者交互作用如何影响农户节水灌溉技术采用决策；最后，在上述分析的基础上，进一步验证了两种信息获取渠道及其交互作用在不同规模和风险偏好农户的组间差异情况。

一 问题的提出

已有研究证实信息获取渠道是影响农户技术采用的重要因素（Besley and Case，1993；Foster and Rosenzweig，1995；Conley and Udry，2010），有限的信息渠道可能成为新技术在早期采纳中的主要障碍。在现代农业生产中，农户获取节水灌溉技术相关信息主要是通过两种渠道，一是通过政府农业技术推广服务，二是通过农户社会网络的交流。在以往不少学者的研究中，重点关注了农业技术推广服务对农户技术采用的影响，并认为农技推广服务强度、质量水平及推广形式对农户技术采用有重要影响（王格玲、陆迁，2015；乔丹等，2017）。同时，农户间的社会网络关系也逐渐得到相关领域研究学者的重视，并被视为农业技术扩散的重要渠道之一，社会网络不仅能够有效地传播技术信息，还能够改变农户技术采纳的态度和行为，这是农技推广所不能达到的效果（Rogers，2010；胡海华，2016）。社会网络对农业技术扩散的作用主要表现在社会网络的互动频繁程度、亲密程度、互惠互换和信任程度等一些功能维度上。例如对农户而言，基于社会网络中的互动交流可以获得有效的技术创新，优化投入产出，降低对技术采用的不确定性（Conley and Udry，2010）；基于社会网络中的互利互惠机制，农户可以共同承担灌溉系统的建设与维护，减少了技术采用的成本压力，促进了农户采用意愿向采用决策的转化（Moser and Barrett，2006）；基于社会网络的信任机制，农户可以减少、干预或纠正不诚实行为，同时，来自对朋友、亲人、邻居的信任对农户技术采用有强大的说服力（Mobarak and Rosenzweig，2013）。鉴于目前我国政府农业技术推广服务过程中存在诸多问题，难以满足农户多样化的技术需求，技术推广与农户生产间的矛盾日渐突出，社会网络的强大功能可能会对政府农业技术推广服务产生替代或互补作用。然而，目前研究中仍不明确的是社会网络和农业技术推广服务两种渠道如何影响农户节水灌溉技术采用决策？两者的影响程度孰大孰小？以及两者之间的互动关系如何？这在以往研究中均未引起足够的重视。

基于以上背景，本章从社会网络与农业技术推广服务联立视角，对社会网络、农业技术推广服务及其交互作用对农户节水灌溉技术采用的影响进行深入探索。以甘肃省 1014 个样本农户调查数据为基础，分别从理论层面和实证方面探讨两种信息获取渠道对农户节水灌溉技术采用决策的影响，并进一步考察政府推广如何与社会网络共同作用于农户技术采用，并从推广体系和制度构建的视角，探讨如何协调两种不同的信息获取渠道，从而促进农户技术采用，提高技术推广效率，进而提供差异化的政府推广模式。此外，根据以往研究认为种植规模、风险认知是影响农户技术采用的重要因素（李丰，2015；郭格等，2017）。为了进一步验证两种信息获取渠道对不同特征农户的影响是否存在差异，本章分别按照农户经营规模和风险偏好态度将样本农户划分为小规模、中规模、大规模三组，以及低风险偏好、中等风险偏好和高风险偏好三组，并分别对不同组农户进行检验。

二 社会网络与农业技术推广服务对农户技术采用决策的影响机理

农户主要通过两种方式获取技术信息：一种是通过农业技术推广服务，另一种是通过社会网络。将农户在某一时段的信息获取用（6-1）式表示：

$$K_t = K_{t-1} + A_t + I_t \qquad (6-1)$$

其中，K_{t-1}表示农户前一生产阶段的信息存量，A_t代表通过农业技术推广服务获取的信息，I_t代表通过社会网络获取的信息。在农户获取的全部技术信息中，有些信息对整个生产过程产生影响，有些仅对特定投入产生影响，将这两种信息视为影响农户产出的投入，则农户产出函数可表示为：

$$Y_t = g(K_t) F[L, h(K_t) N_t] \qquad (6-2)$$

（6-2）式中，L表示土地投入，N_t表示各生产投入要素，$g(\cdot)$表示对整个生产过程有影响的信息函数，$h(\cdot)$表示只对投入有影响的信息函数。农户的利润函数可以表示为：

$$\Pi_t = L\{g(K_t)F[h(K_t)N_t] - \rho N_t\} - C(A_t) \qquad (6-3)$$

其中，$C(A_t)$ 代表通过推广渠道获取信息所需的成本，指农户与技术推广人员交流、培训和参加技术推广服务所花费的时间、费用等。农户通过与邻居交流讨论、田间观察等社会网络方式获取的技术信息通常被认为费用很低，可以不用考虑。农户短期目标是实现利润最大化，即在（6-1）式条件下实现（6-3）式的最大化。

由于农业生产对灌溉用水极为敏感，当灌溉水量少于灌溉用水阈值时，作物产量和质量可能受到较大影响，农户将面临水资源短缺带来的收益风险。节水灌溉技术不仅具有提高灌溉效益的作用，而且可以减少水资源短缺风险，从而降低干旱带来的收益损失。因此，在水资源供给不确定条件下农户会选择投资效率更高的节水灌溉技术（如滴灌、管灌等）。然而由于农户并不能精确估计采用节水灌溉技术的未来收益，同时传统灌溉技术向节水灌溉技术的转换需要耗费一定的时间和成本，如果假设农户对技术采用的预期并不清楚，那么基于期望收益理论，早期的学者认为，只有当农户预期技术采用所能够获得的收益大于其需要投入的成本时，其才会做出采用决策。随着学习和信息积累在农业技术采用过程中的重要作用被强调，学者将农业技术采用视为一个动态过程，并引入现值理论，认为现有信息积累在农户技术采用决策时具有重要的价值，主要表现在信息积累可以提高技术采用技能（Ghadim，2000；Marra et al.，2003）和信息积累可以减少技术不确定性、优化技术采用决策两方面（Gervais et al.，2001；Wozniak，1993）。

目前，我国农业技术推广制度还不够完善，很多情况下，政府提供的农业技术推广服务难以与农户多样化的技术需求相适应，农户获取技术信息的渠道不够畅通，绝大多数农户处在不完全信息的状态之下。有研究表明，借助社会网络交流技术信息和分享技术学习过程，能够有效地提升农户信息获取效率，从而提升其知识累积的广度和深度，进而提高技术采用率和采用效果（Baerenklau，2005）。尤其是以亲朋、邻里为主的"弱关系网络"不仅能够使农户以较低的成本获取及时有效的技术信息，而且有助于农户间技术信息和知识的相互分享，从而有助于合理控制农户技术采用风险，降低技术采用的不确定性，实现生产利润的最大化。因此，本章认为社会网络、农业技术推广服务两种信息获取渠道，以及两者间的交互作用对农户节水灌溉技术采用具有积极影响，分析框架如图 6 - 1 所示。

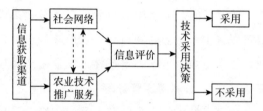

图 6 - 1　社会网络与农业技术推广服务对农户技术采用决策的交互作用

本章研究的具体思路是，首先，探讨政府推广与社会网络两种信息获取渠道对农户节水灌溉技术采用的影响，然后引入两种渠道的交互项，重点考察社会网络是否可以与政府推广相互作用促进农户节水灌溉技术采用，最后验证两者及其交互作用在不同规模和风险偏好农户组间的差异。为此，首先建立如下 Probit 模型考察政府推广、社会网络对节水灌溉技术采用的影响。

$$Adoption_i = \alpha + \beta Extension_i + \gamma SN_i + \theta X_i + \mu_i \qquad (6-4)$$

其中，$Adoption_i$ 表示农户 i 的采用行为，当其采用节水灌溉技术时，$Adoption$ 取 1，当农户未采用节水灌溉技术时，$Adoption$ 取 0；$Extension_i$ 表示政府推广，包括 $Extension_1$ 和 $Extension_2$ 两个指标；SN_i 为社会网络，具体包括 $Frequency_i$、$Closeness_i$、$Mutuality_i$ 和 $Trust_i$ 四个指标；X_i 为控制变量，包括个体特征、经验特征和环境特征三大类变量，μ_i 为随机扰动项，通过估计系数 β、γ 的符号和显著性来判断政府推广、社会网络对节水灌溉技术采用的影响。

其次，为了验证政府推广和社会网络是否可以相互作用促进农户节水灌溉技术采用行为，在（6-4）式中加入交互项来验证两种渠道在各维度的交互作用能够促进农户技术采用，如（6-5）式所示：

$$Adoption_i = \alpha + \beta Extension_i + \gamma SN_i + \delta(\ Extension_i \times SN_i) + \theta X_i + \mu_i$$

$$(6-5)$$

其中，$Extension_i \times SN_i$ 为政府推广和社会网络的交互项，其他各变量与上文一致。

三 数据来源、变量选择与统计描述

（一）数据来源及样本描述

本章研究所用数据来自课题组 2014～2015 年对甘肃省民勤县和甘州区的农村入户调查。调研共发放问卷 1047 份问卷，获得有效问卷 1014 份，样本有效率为 96.85%。所用样本的具体情况如第三章所述。近年来，民勤县和甘州区政府依托高效节水灌溉项目和高效节水灌溉示范区项目，通过开展平整土地、推行农作物区域化布局、普及常规节水等配套措施，大力推广节水灌溉技术，最大限度地挖掘田间节水潜力，使高效节水灌溉工程有了长足发展。同时，政府农业技术推广部门采取了多种推广方式，如开展节水灌溉技术推广应用培训，采取专业讲授、案例分析、现场示范、互动交流、经验分享等方式，讲解节水灌溉工程的建设、运管、维护等方面的知识，使农户了解并掌握节水设备的使用规范和日常维护技巧，从而提升其专业技能水平，让农户主动接受节水灌溉技术。在调查样本中，约 78.90% 的农户当年采用了节水灌溉技术，其中有 800 个采用户，214 个未采用户。此外，通过调研发现，农户在节水灌溉技术采用过程中倾向于与周边农户交流、学习，同时，与周边农户联系紧密的农户对节水灌溉技术的评价更加正面客观。据统计，大约46%的农户表示日常主要通过亲朋、邻居或种植大户获取相关技术信息，表明社会网络在农户间的技术信息传播过程中发挥着重要作用。

（二）变量说明与统计描述

1. 节水灌溉技术采用

本节分析中，以节水灌溉技术采用决策为被解释变量，农户是否采用是一个二元决策问题，可分为"采用"和"不采用"两种情况，如果农户采用了节水灌溉技术，书中被解释变量赋值为1，否则赋值为0。

2. 农业技术推广服务

农业技术推广服务的测度从实际情况出发，主要从农业技术推广服务强度和形式两方面进行表征。其中，推广强度 $Extension_1$ 用农户实际接受节水灌溉技术推广的次数表示，推广形式 $Extension_2$ 用农户接受过节水灌溉技术推广服务的种类表示，其中包括技术人员田间指导、驻村指导、技术培训、媒体宣传等多种方式。

3. 社会网络

由于社会网络具有多重维度，难以某一特定的值被直接测度，因此社会网络的测度长期以来都是相关领域研究学者所面临的难题，在实证研究中需要使用各种替代指标。目前，学者关于社会网络的测度指标及方法并没有达成共识，不同学者研究中使用的测度指标差异较大。例如，在边燕杰（2004）的研究中，以"在外餐饮的频率"来衡量受访者社会资本；在王晶（2013）的研究中，以"春节来访的亲朋数"来衡量受访者社会网络资源的多少。综合已有研究中社会网络的维度划分并结合数据可获性，本书分别从网络互动、网络亲密、网络互惠和网络信任四个维度选取衡量指标。

4. 控制变量

为控制其他可能影响农户节水灌溉技术采用的因素，参照以往学者研究，本章引入了以下三类变量。

（1）个体特征。个体特征会影响农户技术选择行为，主要包括性别、年龄、务农年限、文化程度和职务等。一般认为受传统文化束缚，女性接受教育及对外交流的机会均少于男性，对新技术的理解能力要普遍弱于男性，并且女性观念更趋于保守，面对风险更多的是选择规避，因而对新技术的接受度也普遍较低。Doss（2001）研究认为妇女在农业生产资源控制方面明显弱于男性，采用新技术时较为落后；年轻或文化程度高的农户理解和运用新技术的速度较快，随着年龄增加，农户对新知识、新信息的接受程度变得缓慢，Rahman（2003）研究发现户主越年轻越偏好选择新技术。但刘红梅等（2008）的研究表明，务农年限较长、经验较为丰富的农户，采用新技术的意愿更高。由于村干部往往是新技术的基层推广者，为起模范带头作用，往往比一般农户更早、更愿意采纳新技术，满明俊和李同昇（2010）调研发现，村干部农户多项新技术的采纳概率和程度明显高于一般农户。

（2）家庭经营特征。农户的家庭经营特征包括农业劳动力数量、农业收入占比、种植规模和耕地破碎化程度。由于新技术采用一般都具有一定的规模效应，节水灌溉技术也不例外。因此，家庭经营规模越大，农户在采用新技术时越容易获得规模经济，其技术采用的积极性也就越高（Khanna，2001；林毅夫，2005）。此外，地块面积越大，越便于农户采用节水灌溉技术中的机械化操作，而耕地破碎化程度越严重，农户实施节水灌溉技术越麻烦，因此较大的地块面积能够对农户技术采用产生一定的积极影响。另外，农业劳动力占比能够在一定程度上反映农户家庭劳动力结构，而节水灌溉技术也通常被认为对劳动力的依赖程度较高，因此农业劳动力充足的家庭可能更愿意采用（朱明芬、李南田，2001）。

（3）环境特征。环境特征包括水价感知、信贷可获性和干旱风险。通常学者认为水价过高会促使农户采用节水灌溉技术（周玉玺等，2014；韩一军等，2015），同时水源不确定或者面临高干旱风险的农户更可能采用节水灌溉技术（王昱等，2012）。此外，新技术往往对资金投入具有较高要求，因此有学者研究认为，信贷约束能够对农户技术采用产生影响（Simtowe and Zeller，2006；王格玲、陆迁，2016），信贷可获性可能成为影响农户对具有资本密集型特质的节水灌溉技术采用的重要因素。详见表6-1。

表6-1　变量定义及统计性描述

变量	变量定义	最小值	最大值	均值	标准差
因变量					
技术采用 *Adoption*	受访者家庭是否采用节水灌溉技术：采用=1，不采用=0	0	1	0.789	0.400
自变量					
推广服务					
推广强度 *Extension*$_1$	受访者家庭接受节水灌溉技术推广的次数（次）	0	9	1.3645	4.7854
推广形式 *Extension*$_2$	受访者家庭接受节水灌溉技术推广服务的种类（种）	0	5	1.6754	3.6783
社会网络					
网络互动 *Interaction*	通过前文因子分析得分计算	-2.2930	2.8806	0	1
网络亲密 *Closeness*	通过前文因子分析得分计算	-3.4814	2.6593	0	1
网络互惠 *Reciprocity*	通过前文因子分析得分计算	-3.4611	2.0085	0	1

续表

变量	变量定义	最小值	最大值	均值	标准差
网络信任 Trust	通过前文因子分析得分计算	-4.5381	2.5143	0	1
个体特征					
性别 Gender	户主的性别：男=1，女=0	0	1	0.6499	0.494
年龄 Age	户主的实际年龄（岁）	20	80	51.7	10.302
职务 Position	户主是否是村干部：是=1，否=0	0	1	0.045	0.195
文化程度 Edu	户主实际受教育年限（年）	0	13	5.847	3.688
务农年限 Years	户主务农年限（年）	4	70	33.479	11.882
家庭经营特征					
农业劳动力数量 Labor	家庭农业劳动力数量（人）	1	6	2.158	0.819
农业收入占比 Occu	家庭农业收入占总收入的比例	0.014	0.992	0.457	0.278
种植规模 Land	家庭土地种植面积（亩）	1.7	120	14.973	11.944
耕地破碎化程度 Frag	家庭耕地破碎化程度：耕地面积/块数	0.384	58	2.302	3.402
环境特征					
水价感知 Price	很便宜=1，较便宜=2，一般=3，较贵=4，很贵=5	1	5	3.185	1.200
信贷可获性 Credit	农户家庭信贷可获得性：1=有贷款，0=无贷款	0	1	0.643	0.479
干旱风险 Climate	1=从不干旱，2=偶尔干旱，3=一般，4=比较干旱，5=很干旱	1	5	1.691	1.064

四 社会网络与农业技术推广服务对农户技术采用决策影响的实证分析

在实证分析之前，本章对所选变量进行了标准化处理，并对变量之间的多重共线性进行了检验，一般认为 Vif 值小于 5 则可以认为变量间不存在多重共线性。利用 Stata 软件进行多重共线性检验的结果显示，本章选择的解释变量的 Vif 值均小于 5，说明各变量之间并不存在多重共线性。

（一）社会网络与农业技术推广服务及其交互作用对农户技术采用决策的影响

近年来，社会网络在农业技术采用中的作用逐渐被学界关注，但仍未形成一致性结论。书中通过（6－4）式考察政府推广、社会网络对节水灌溉技术采用的影响。表 6－2 汇报了估计结果。其中前四列为使用推广强度 $Extension_1$ 和社会网络四个维度变量的回归结果，后四列为使用推广形式 $Extension_2$ 和社会网络四个维度变量的回归结果。结果显示，政府推广两个变量和社会网络各维度的回归系数均正向显著，表明政府推广和社会网络对节水灌溉技术采用具有正向促进作用。

在控制变量方面，从 8 个回归模型来看，性别对节水灌溉技术采用的影响大多在 10% 的水平负向显著，但不具有稳健性。女性农户更可能采用节水灌溉技术，可能的原因是在调查区域内的农户家庭，较多的男性农户外出务工，女性农户承担了农业生产的主要决策，而女性农户更多依据过去经验和与亲戚、邻居交流来选择技术，更容易受周边环境影响。被访农户受教育程度对节水灌溉技术采用具有正向促进作用，这与刘晓敏和王慧军（2010）、王格玲和陆迁（2015）的研究结论基本一致。农业劳动力占比与

表6-2 农业技术推广服务与社会网络对农户节水灌溉技术采用决策的影响

解释变量	(1)	(2)	(3)	(4)	(5)	(6)	(7)	(8)
$Extension_1$	0.552***	0.690***	0.698***	0.561***				
$Extension_2$					0.524**	0.732***	0.741***	0.581***
$Interaction$	0.520***				0.531***			
$Closeness$		0.362***				0.335**		
$Reciprocity$			0.374***				0.340***	
$Trust$				0.508***				0.543***
$Gender$	-0.529*	-0.486*	-0.461*	-0.438	-0.535**	-0.501*	-0.478*	-0.455*
Age	0.040*	0.037	0.036	0.026	0.039	0.035	0.035	0.024
$Position$	-0.600	-0.692	-0.677	-0.461	-0.553	-0.595	-0.581	-0.347
Edu	0.090**	0.099**	0.094**	0.083**	0.093**	0.102***	0.100**	0.084**
$Years$	-0.023	-0.019	-0.019	-0.018	-0.021	-0.017	-0.017	-0.016
$Labor$	0.384***	0.333**	0.345**	0.311**	0.386**	0.333**	0.340**	0.323**
$Occu$	-0.010	-0.050	-0.063	-0.171	0.030	-0.026	-0.030	-0.137
$Land$	-0.006	-0.002	-0.002	-0.007	-0.005	0.000	-0.001	-0.006
$Frag$	-0.034	-0.036	-0.039	-0.024	-0.031	-0.037	-0.040	-0.023

续表

解释变量	(1)	(2)	(3)	(4)	(5)	(6)	(7)	(8)
Price	0.285***	0.281***	0.286***	0.256**	0.262***	0.260***	0.261***	0.233**
Credit	0.149	0.096	0.087	0.170	0.165	0.105	0.097	0.163
Climate	0.367***	0.392***	0.395***	0.407***	0.357***	0.377***	0.380***	0.405***
-cons	-2.074	-2.080	-2.045	-1.330	-2.125	-2.082	-2.063	-1.300

注：***、**、*分别表示1%、5%和10%的显著性水平。下同。

技术采用有正向影响，原因可能在于农户家庭农业劳动力越多，家庭对农业的依赖越大，越倾向于采用节水灌溉技术。同时，农户感觉水价越贵，干旱风险越高，越倾向于采用节水灌溉技术，基本符合前人研究结论（王昱等，2012；周玉玺等，2014；韩一军等，2015）。

政府推广和社会网络对农户节水灌溉技术采用均具有促进作用，那么政府推广和社会网络是否可以相互作用来促进农户节水灌溉技术采用？本章通过引出交互项的（6-5）式进行验证，估计结果见表6-3。其中前四列为推广强度与社会网络四个维度交互项的估计结果，后四列为推广形式与社会网络四个维度交互项的估计结果。由于篇幅限制，省略了控制变量的估计结果。可以看出，政府推广强度与社会网络中网络互动、网络信任的交互项系数均显著为正，与网络亲密和网络互惠的交互项系数并不显著；同时，推广形式与网络互动、网络信任的交互项系数显著为正，与网络亲密和网络互惠交互项系数不显著，这也验证了回归结果的稳健性。可能的原因是，农户在其社会网络中的互动越频繁，对其他网络成员的信任度越高，越容易从其他成员或推广组织处获得与节水灌溉技术采用相关的信息，从而使政府推广效果（推广强度和推广形式）可以通过社会网络的传播得以加强，最终降低农户对技术的不确定性，促进技术采用。此外，与未加入交互项的回归结果相比，政府推广和社会网络的系数均正向变大，例如，在模型（1）中，推广强度的估计系数由0.552增大到0.810，网络互动的估计系数由0.520增大到0.690，说明政府推广和社会网络之间的交互作用进一步强化了两者本身对农户技术采用的影响。

（二）社会网络与农业技术推广服务对不同规模农户采用决策的影响

考虑到调研区域内被调查农户种植规模存在较大差异，对农

表 6-3　农业技术推广服务、社会网络及其交互作用对农户技术采用决策的影响

解释变量	(1)	(2)	(3)	(4)	(5)	(6)	(7)	(8)
$Extension_1$	0.810 ***	0.638 ***	0.637 ***	0.646 ***	0.526 **	0.718 ***	0.716 ***	0.866 ***
$Extension_2$	0.810 ***	0.638 ***	0.637 ***	0.646 ***				
$Interaction$	0.690 ***				0.599 ***			
$Closeness$		0.278 *				0.277 *		
$Reciprocity$			0.299 **				0.302 **	
$Trust$				0.599 ***				0.661 ***
$Extension_1 \times Interaction$	0.665 ***							
$Extension_1 \times Closeness$		-0.292						
$Extension_1 \times Reciprocity$			-0.278					
$Extension_1 \times Trust$				0.432 **				
$Extension_2 \times Interaction$					0.524 **			
$Extension_2 \times Closeness$						-0.343		
$Extension_2 \times Mutuality$							-0.259	
$Extension_2 \times Trust$								1.003 ***

业的依赖性和生产经营特征具有异质性，政府推广和社会网络对其节水灌溉技术采用的影响可能存在偏差，据此，本章按不同种植规模将农户分成三组进行回归分析，以讨论政府推广和社会网络的影响效应在三组样本之间的差异，并检验前文结论的稳健性。由于前文结论中表征政府推广的两个变量仅与社会网络中网络互动、网络信任的交互项系数显著，因此以下仅检验了推广强度、推广形式分别与网络互动、网络信任交互的回归结果（见表6-4）。

表6-4　农业技术推广服务与社会网络对不同规模农户
技术采用决策的交互作用

解释变量	小规模农户		中等规模农户		大规模农户	
$Extension_1$	0.942 *		1.267 **		0.378	
$Extension_2$		0.792		0.858 **		0.142
$Interaction$	1.192 ***	0.892 ***	0.610 **	0.347	1.327 ***	1.122 ***
$Extension_1 \times$ $Interaction$	1.195 *		0.647 *		1.207 *	
$Extension_2 \times$ $Interaction$		0.868 *		-0.050		0.557
解释变量	小规模农户		中等规模农户		大规模农户	
$Extension_1$	2.149 **		0.953 **		0.185	
$Extension_2$		1.410 *		1.036 **		0.656
$Trust$	1.514 ***	1.247 ***	0.597 **	0.648 ***	0.388	0.570 *
$Extension_1 \times$ $Trust$	1.352 *		0.435		0.224	
$Extension_2 \times$ $Trust$		1.506 **		0.852 *		1.110

在政府推广强度与社会网络互动交互项的回归结果中，小规模农户和中等规模农户中仍存在交互效应，两种信息获取渠道的交互作用能够促进农户技术采用，但政府推广强度对大规模农户

的影响作用不显著。在调查中发现,大规模种植的农户一般统筹能力较强,更注重控制成本和收益,对农业标准化生产和现代农业技术有更深层次的理解和认识,政府推广因素可能并不是其技术采用的主要因素,因此不能和其社会网络互动共同作用。在政府推广形式与网络互动交互项的回归结果中,交互效应仅在小规模农户中存在,呈 10% 的显著性水平。在政府推广强度与网络信任交互项回归结果中,推广强度可以和网络信任共同促进小规模农户的节水灌溉技术采用,表明对于小规模农户,政府推广强度可以通过网络信任来加强对节水灌溉技术采用的影响效应。在政府推广形式与社会信任交互项的回归结果中,推广形式可以和网络信任共同促进小规模农户和中等规模农户的节水灌溉技术采用,而推广形式对大规模农户节水灌溉技术采用的影响并不显著。

(三) 社会网络与农业技术推广服务对不同风险偏好农户采用决策的影响

风险偏好是影响农户技术采用的重要因素,当农户技术采用存在较大收益不确定性时,农户可能对新技术采用持谨慎态度,不同风险规避特征的农户对技术采用的态度存在差异。通常认为偏好风险的农户更可能采用农业新技术,而规避风险的农户更愿意推迟采用新技术。通过询问农户"是否同意其他农户采用新方法或技术成功后我再采用这一观点?"这一问题,按照农户风险态度的不同,即风险规避、风险中性和风险偏好,将其分为低风险农户、中等风险农户和高风险农户,进一步探讨政府推广与社会网络及其交互作用对不同农户节水灌溉技术采用的影响,涉及变量与上文一致,结果如表 6-5 所示。

在政府推广强度与社会网络互动交互项的回归结果中,推广强度和网络互动的交互效应仅在高风险农户中存在,对中等风险农户和低风险农户的影响并不显著。原因可能是低风险农户对技

表 6 – 5 农业技术推广服务与社会网络对不同风险偏好农户技术采用决策的交互作用

解释变量	低风险农户		中等风险农户		高风险农户	
$Extension_1$	0. 413		1. 490 **		0. 896 **	
$Extension_2$		0. 136		1. 414 **		0. 754 **
$Interaction$	0. 683	0. 281	0. 680 *	0. 846 **	0. 837 ***	0. 733 ***
$Extension_1 \times$ $Interaction$	1. 307		0. 355		0. 628 **	
$Extension_2 \times$ $Interaction$		0. 197		1. 726 *		0. 515
解释变量	低风险农户		中等风险农户		高风险农户	
$Extension_1$	0. 729		1. 372 ***		0. 914 **	
$Extension_2$		0. 518		0. 947 *		1. 712 ***
$Trust$	0. 789 **	1. 177 **	0. 200	0. 314	0. 904 ***	1. 066 ***
$Extension_1 \times$ $Trust$	– 0. 460	1. 011			0. 828 **	
$Extension_2 \times$ $Trust$			0. 073	0. 567		1. 788 ***

术采用较为谨慎，更相信自己对技术风险的主观判断，政府推广和社会网络对其影响较弱，而高风险农户风险承受能力更强，更可能通过政府推广和社会网络互动交流降低对技术的不确定性，政府推广也可以进一步通过与社会网络相互作用影响其技术采用。在政府推广形式与网络互动交互项的回归结果中，两者对低风险农户和高风险农户技术采用的影响效应均不显著，交互效应仅在中等风险农户中存在。中等风险农户较小农户来说风险承受能力较高，更可能根据其接受不同形式的农业技术推广服务，并参考日常网络互动中的有效信息做出技术采用决策，而较高风险组农户可能由于其技术风险态度等因素，政府推广和社会网络的交互效应并不显著。在政府推广强度、推广形式与网络信任交互项的回归结果中，推广强度、推广形式和网络信任均可以相互作

用促进高风险农户的节水灌溉技术采用，表明对高风险农户来说，网络信任对政府推广效果的调节效应最强，高风险农户可以通过社会网络中的网络信任加强政府推广效果，更可能降低技术采用的不确定性，但对低风险农户和中等风险农户来说，交互作用影响效应并不显著。

五　本章小结

本章利用甘肃省农户调研数据，分析了社会网络、农业技术推广服务及其交互作用对农户节水灌溉技术采用决策的影响，并进一步讨论了交互效应在不同规模、不同风险偏好农户间的影响差异，得到如下主要结论。第一，社会网络、农业技术推广服务对农户节水灌溉技术采用具有促进作用。农户接受政府农业技术推广服务的次数和形式都显著影响其节水灌溉技术采用；社会网络中网络互动、网络亲密、网络互惠和网络信任四个维度均对农户节水灌溉技术采用具有显著正向影响。第二，推广强度和推广形式分别与网络互动、网络信任的交互项系数显著为正，且与不含交互项时相比，推广强度、推广形式、网络互动和网络信任的回归系数更大，政府推广和社会网络的交互作用可以促进农户节水灌溉技术采用。第三，推广强度和网络互动及其交互作用可以促进小规模农户和中等规模农户节水灌溉技术采用；推广强度可以和网络信任共同促进小规模农户的节水灌溉技术采用；推广形式可以和网络信任共同促进小规模农户和中等规模农户的节水灌溉技术采用。第四，推广强度和网络互动的交互效应仅在高风险农户中存在；在政府推广形式与网络互动交互项的回归结果中，交互效应仅在中等风险农户中存在；推广强度、推广形式和网络信任均可以相互作用促进高风险农户的节水灌溉技术采用，对低风险农户和中等风险农户来说，交互作用并不显著。

社会网络与农业技术推广服务对
农户节水灌溉技术采用行为影响

在第六章中，我们分析了社会网络与农业技术推广服务两种信息获取渠道对农户节水灌溉技术采用决策的影响，并重点考察了两种信息获取渠道的交互作用对农户技术采用决策的影响，并验证了在不同规模和风险偏好农户间的影响差异，本章则重点聚焦于农户节水灌溉技术的实际采用行为和采用调整等方面。首先，基于节水灌溉技术采用户的实地调查数据，运用结构方程模型探析社会网络、农业技术推广服务等因素对农户节水灌溉技术采用行为（如采用面积、采用率、投资金额等）的影响及路径，验证社会网络在促进农户节水灌溉技术采用中的直接和间接作用。其次，基于农户节水灌溉技术采用过程中的学习视角，将农户技术学习分为基于自身经验的干中学和基于社会网络和农业技术推广服务的社会学习，实证分析干中学和社会学习对技术采用效果与未来技术采用面积调整的影响情况。

一 问题的提出

目前，农业生产过程中节水灌溉技术的扩散缓慢已经引起了国内外众多学者的关注，前期研究主要考虑人口统计因素（如家庭生产规模、受教育程度、家庭成员经验）、社会经济因素（如

水价、农产品价格、机会成本、风险和不确定性、设备投资等)
和环境因素(如土地质量、降水等)对农户技术采用行为影响
(Griliches,1957;Feder et al.,1985;Rogers,1995;曹建民等,
2005;方松海、孔祥智,2005)。目前,关于农业技术推广服务
和社会网络对农业技术采用影响的研究相对较少,且均是独立研
究,并未纳入统一研究框架之中。社会网络与农业技术推广服务
两种信息获取渠道对农户实际技术采用行为的影响具体表现在哪
些方面?其影响路径是什么?农户未来如何调整其采用行为?以
往研究缺少对以上问题的回答。

此外,一些学者认为农户技术采用可能表现为一个连续的或
逐步的过程(Dimara and Skuras,2003),将农户技术采用视为一
次性的行为过程,即"采用"或者"不采用"。然而,已有学者
提出,这一假设与实际情况并不完全相符(Besley and Case,
1993;Conley and Udry,2010)。在关于"绿色革命"的研究中,
有学者认为,农户对高产品种和转基因品种的采用,并不是简单
的在初次采用时就将全部土地都种植为新品种,而是采取了试探
性的、循序渐进的过渡模式,即农户首先会在部分土地上试种新
品种,之后根据试种效果逐步调整采用决策(Barham et al.,
2004)。Barham 等(2015)还进一步对驱动农户采取这种渐进模
式的具体原因进行了解释,并认为,农户采用农业技术的目的是
追求预期收益的最大化,当他们预期未来充满着风险和不确定性的
时候,就会通过自身的不断学习、风险管控,以及投资策略调整来
降低收益风险。由于农户面板数据获取过程存在诸多困难,目前研
究中较少学者对农户技术采纳的动态过程予以关注,尤其是不同学
习方式对农户技术采用行为的影响机制与效应的研究尚不多见。

基于以上背景,本章利用农户调查数据,首先,针对采用节
水灌溉技术的农户,对社会网络、农业技术推广服务与农户具体
技术采用行为之间的影响路径与影响程度进行深入探讨,从而揭

示社会网络与农业技术推广服务两种不同的信息获取渠道对农户实际技术采用行为的影响情况。其次，以甘州区采用节水灌溉技术的玉米种植户为例，将农户学习方式分为干中学和社会学习并对其进行表征测度，实证分析不同的学习方式对农户未来技术采用行为的影响效应。

二　社会网络与农业技术推广服务对农户实际技术采用行为的影响

（一）社会网络与农业技术推广服务对农户实际技术采用行为影响的理论分析

社会网络和农业技术推广服务是现代农业生产中农户获取技术信息的两个主要渠道。我国农村社会是由农民以及农民间的关系网络结构组成的，是一个"熟人社会"，农业技术推广正是在这种特殊的社会关系网络中进行的。在实际情况中，部分农户获取相关信息的渠道非常有限，使其所具有的技术信息存在不完全性，进而会对其正常的技术采用造成一定的阻碍。目前，已有研究表明，借助社会网络交流技术信息和学习知识技术能有效降低农户技术采用过程中面临的不确定性（Besley and Case, 1993；Foster and Rosenzweig, 1995）。农户通过社会网络交流技术采用心得，可以增加技术知识积累，提高技术信息的传输效率（Bandiera and Rasul, 2006）。在社会网络规模方面，Fafchamps 和 Lund（2003）、付少平（2004）、曾明彬和周超文（2010）等认为，相对较大的社会网络规模，能够使农户获得更多的技术信息和交流机会；Barham（2004）等研究认为通过个人经验获得技术信息的成本是昂贵的，而社会网络资源丰富的农户可以依靠"搭便车"行为获取网络中其他成员的经验；王格玲和陆迁（2015）研究则表明，社会网络对农户技术采用的影响，呈现典型的"倒 U 形"关系。从已有研究来看，对于社会网络规模与农业技术采用率之间的关系，不同学者的观点并未达成一致。此外，农业技术推广服务强调技术推广机构向农业生产者提供技术产品，传播相关知识，以及提供技术服务。这也是政府干预农户技术采用的重要手段，在农技推广中发挥着不可替代的作用。但是，随着我国市场经济的逐步发展，农户对农业技术的需求开始呈现多样化态势，而我国政府农技推广服务却难以与之相适应，致使农技推广服务与农户需求之间的矛盾日益突出，政府推广与农户需求相背离的现象仍较为普遍。农业技术推广服务对技术采用的促进作用有待进一步检验。本章提出假设1：社会网络与农业技术推广服务均对农户节水灌溉技术采用有正向影响。

在已有文献中，政府推广组织和农户社会网络之间的关系一直未得到应有重视，尤其在国内，尚未纳入研究者的视野。Feder和Slade（1986）建议用农业推广中的培训与观摩系统降低农户信息的不对称性，利用政府机构的服务功能改善农户技术采用行为，在此推广服务模式下，有能力的农户还可能成为积极的传播者。Goyal和Netessine（2007）研究发现，借助示范户的带动作用传播相关技术信息，能够有效降低周边农户获取技术信息的学习成本，从而有助于带动周边农户的技术采用。Mobarak和Rosenzweig（2013）研究指出，识别领导型农户和跟随者，并对其施以经济刺激是提高技术采用率的有效办法。但农户社会网络在政府推广服务过程中的作用方式和影响目前尚不能确定。Duflo等（2011）研究发现，技术推广机构进行技术推广时，农户间的社会学习效应不足；而Genius等（2013）实证研究则表明，农业技术推广服务和社会学习两种信息渠道的影响效应因对方的存在而相互增强。然而，在我国农村的大部分地区，政府农业技术推广服务在形式上往往是自上而下的，农户无法自主获取相关的技术示范与指导。据此，本章提出假设2：社会网络对农业技术推广服务有正向影响，进而间接促进农户节水灌溉技术采用。

　　此外，考虑到同一调研区域内农户个体及家庭经营特征存在同质性，本章更多关注农户内在认知和外部环境评价对节水灌溉技术采用的影响，因此加入了农户认知和社区环境两个潜变量分别代表节水灌溉技术采用行为中的内在和外在约束。Brennan（2007）对澳大利亚生菜种植户的调研发现，农户对灌溉用水量的错误认知不仅造成了水资源浪费，同时抑制了农户节水灌溉技术的采用。许朗和黄莺（2012）在以安徽省蒙城县农户为例的研究中发现，认知程度是影响农户节水灌溉技术采用的关键因素之一。朱月季等（2015）基于埃塞俄比亚农户对新技术采用的研究表明，感知有用性、感知易用性是农户对技术认知的内在约束，对农户新技术采纳决策具有显著的正向影响。感知社会规范是外部社会环境对农户个体的行为约束，并认为传统技术的社会规范对新技术采纳决策具有显著的负向影响。基于已有研究结论，本章提出假设3：对节水灌溉技术的有利认知可以激励农户采用行为，良好的社区环境与节水灌溉技术采用呈显著正相关关系。

（二）社会网络与农业技术推广服务对农户实际技术采用行为影响的实证分析

1. 数据来源、变量说明与模型构建

　　为探究不同因素对农户节水灌溉技术实际采用行为的影响，本章首先基于800个已经采用节水灌溉技术的样本农户进行实证分析，具体数据来源与样本特征如前文所示，不再赘述。

　　基于相关文献与理论，本章关注的所有潜变量采用李克特5级量表进行测度，其中社会网络各维度和农业技术推广服务各维度的测度值与第四章一致。表7－1给出了各潜变量具体的测度项和得分。鉴于农户自身认知对节水灌溉技术的采用可能产生重要影响，本章从水资源稀缺程度、水价感知、技术了解及风险意识四个方面对农户技术认知进行测度。同时考虑到农户技术采用

行为还受到外界环境的影响，在社区环境的测度方面，采取制度公开、制度运行、社会风气及人际关系 4 个指标。

表 7 - 1　变量定义及统计性描述

潜变量	观测变量	变量描述与赋值	均值	标准差
节水灌溉技术采用行为	采用面积	农户实际采用节水灌溉技术面积：0ha = 1，0 ~ 0.33ha = 2，0.33 ~ 1ha = 3，1 ~ 2.67ha = 4，2.67ha 以上 = 5	2.0681	1.3693
	采用率	农户采用节水灌溉技术的面积占家庭耕地总面积的比例：20% 以下 = 1，20 ~ 39% = 2，40 ~ 59% = 3，60 ~ 79% = 4，80% 以上 = 5	1.5743	1.0601
	投资金额	农户采用节水灌溉技术投资的金额：几乎不投资 = 1，投资很少 = 2，一般 = 3，较大投资 = 4，很大投资 = 5	1.0458	0.9095
社会网络	网络互动	通过前文因子分析得分计算	0.0538	1.0092
	网络亲密	通过前文因子分析得分计算	0.0430	0.9635
	网络互惠	通过前文因子分析得分计算	0.0095	1.0101
	网络信任	通过前文因子分析得分计算	0.0057	0.9566
推广服务	推广强度	农技部门提供的推广服务多少：很少 = 1，比较少 = 2，一般 = 3，比较多 = 4，很多 = 5	2.3895	1.3439
	推广质量	农技部门推广内容作用大小：很小 = 1，较小 = 2，一般 = 3，较大 = 4，很大 = 5	3.4567	0.8237
	推广水平	农技人员指导的技术水平如何：很差 = 1，较差 = 2，一般 = 3，较好 = 4，很好 = 5	3.5428	1.1817
	推广态度	农技人员技术指导的态度如何：很差 = 1，较差 = 2，一般 = 3，较好 = 4，很好 = 5	3.2123	1.1293
农户认知	稀缺认知	农户感知灌溉水的短缺程度：很短缺 = 1，短缺 = 2，一般 = 3，充足 = 4，很充足 = 5	3.8801	0.8250
	技术认知	农户对节水灌溉的了解程度：很不了解 = 1，不了解 = 2，一般 = 3，了解 = 4，很了解 = 5	3.2602	1.0003
	水价认知	农户对灌溉水价的感知：很便宜 = 1，较便宜 = 2，一般 = 3，较贵 = 4，很贵 = 5	3.2981	0.9202
	作用认知	农户对节水灌溉作用的感知：没作用 = 1，作用小 = 2，一般 = 3，有作用 = 4，作用大 = 5	2.9592	1.1631

续表

潜变量	观测变量	变量描述与赋值	均值	标准差
社区 环境	制度公开	农户是否清楚村庄规章制度：很不清楚 = 1，不清楚 = 2，一般 = 3，清楚 = 4，很清楚 = 5	3.3223	0.9568
	制度运行	农户所在村庄规章制度运行如何：很不好 = 1，不好 = 2，一般 = 3，较好 = 4，很好 = 5	3.3471	0.8065
	社会风气	农户所在村庄社会风气如何：很差 = 1，较差 = 2，一般 = 3，较好 = 4，很好 = 5	3.7607	0.7023
	人际关系	农户所在村庄人际关系如何：很差 = 1，较差 = 2，一般 = 3，较好 = 4，很好 = 5	3.8122	0.6107

2. 信度效度检验

本研究涉及农户节水灌溉技术采用行为、社会网络、推广服务、农户意识和社区环境 5 个潜变量。从量表内部结构出发，运用 Spss 22.0 对上述 5 个研究潜变量的观测变量进行一致性检验，重点考察观测变量是否为同一概念并具有较高的一致性。如果选取的观测变量一致性较高，则说明测量指标的可信度较高。通常，对量表的信度进行检验时，Cronbach's Alpha 值大于 0.7 时即可认为数据具有较高的可靠性。经检验，节水灌溉技术采用行为、社会资本、推广服务、农户意识和社区环境 5 个潜变量的 Cronbach's Alpha 值分别为 0.715、0.711、0.747、0.707 和 0.711，均在 0.7 以上，表明各观测指标一致性较好，问卷具有较高的信度。

进一步，通过效度分析来检验测量数值与真实数值的接近程度，一般采用 KMO 检验和 Bartlett's 球形检验。检验结果显示，KMO 值为 0.815，大于 0.8，Bartlett's 球形检验值在 1% 的水平显著，表明变量有效度较高，比较适合做因子分析。最后，以特征值大于 1 作为提取标准，采用主成分分析法提取公因子，考察各因子的贡献率。如表 7 - 2 所示，有 5 个主成分的特征值大于 1，这 5 个主成分累计解释了 59.401% 的总方差。表 7 - 3 为旋转后的因子矩阵，各指标在其他因子的交叉负载远小于对应因子的负载，表明各指标可以有效地反映其对应因子。

表 7 - 2 总方差与因子贡献率

成分	初始特征值			提取平方和载入			旋转平方和载入		
	合计	方差的百分比	累计百分比	合计	方差的百分比	累计百分比	合计	方差的百分比	累计百分比
1	5.065	26.657	26.657	5.065	26.657	26.657	2.390	12.577	12.577
2	1.876	9.876	36.533	1.876	9.876	36.533	2.344	12.338	24.915
3	1.753	9.226	45.759	1.753	9.226	45.759	2.229	11.733	36.648
4	1.533	8.069	53.828	1.533	8.069	53.828	2.165	11.396	48.044
5	1.059	5.573	59.401	1.059	5.573	59.401	2.158	11.358	59.401
6	0.981	5.163	64.565						
⋮	⋮	⋮	⋮	⋮	⋮	⋮	⋮	⋮	⋮
19	0.255	1.343	100.000						

表 7 - 3 旋转后的因子矩阵

因子	因子 1	因子 2	因子 3	因子 4	因子 5
制度公开	0.091	0.166	0.022	0.485	0.445
制度运行	0.117	-0.030	-0.029	0.359	0.615
社会风气	0.097	0.082	0.121	0.031	0.824
人际关系	0.043	0.078	0.051	0.059	0.854
采用意愿	0.242	0.281	0.387	0.609	0.214
支付意愿	0.019	-0.008	0.106	0.794	0.082
采用面积	0.127	0.164	0.243	0.614	0.173
推广强度	0.843	0.035	0.060	0.034	0.044
推广质量	0.815	-0.046	0.005	-0.035	0.067
推广水平	0.699	0.203	0.092	0.150	0.098
推广态度	0.585	0.200	0.103	0.308	0.150
网络学习	0.038	0.785	0.184	-0.052	0.038
网络互动	0.138	0.676	0.021	0.258	0.013
网络互惠	0.168	0.676	0.004	0.212	0.021

续表

因子	因子 1	因子 2	因子 3	因子 4	因子 5
网络信任	0.001	0.676	0.123	0.014	0.193
稀缺认知	0.009	−0.070	0.748	−0.075	0.043
技术认知	0.078	0.245	0.704	0.220	0.014
水价认知	0.042	0.032	0.684	0.165	0.064
作用认知	0.138	0.245	0.629	0.319	0.076

注：旋转法为有 Kaiser 标准化的全体旋转法，旋转在 6 次迭代后收敛。

3. 模型构建

由于影响农户技术采用的因素（如社会网络、技术认知、社区环境等）难以直接由单一的某个观测指标来表征，而是包含多个不同的维度。因此，这些因素往往需要借助多个外显指标来测度，这类变量也就是我们常说的潜变量。由于 Logistic、Probit 模型观测维度较低，难以适用于包含多维度潜变量的分析，因此本章采用了结构方程模型（Structural Equation Modeling，SEM）。该模型不仅可以处理多个潜变量之间的相互作用关系，进行影响因素分析和路径分析，同时还能够有效地避免回归中的共线性问题。SEM 由两部分组成，一部分是测量模型，一部分是结构模型，具体如下。

（1）测量模型反映的是潜变量与其观测变量之间的测度关系：$x = \Lambda_x \xi + \delta$，$y = \Lambda_y \eta + \varepsilon$。

（2）结构模型反映的是潜变量与潜变量之间的结构关系：$\eta = B\eta + \Gamma\xi + \zeta$。

上式中，x 和 y 分别表示外生、内生观测变量；ξ 和 η 分别表示外生、内生潜变量；Λ_x 和 Λ_y 分别表示外生（内生）观测变量在外生（内生）潜变量上的因子载荷矩阵；δ 和 ε 分别表示外生、内生测量模型的误差项；Γ 是外生潜变量对内生潜变量的路径系数，表示外生潜变量对内生潜变量的影响；B 是内生潜变量之间的路径系数,表示内生潜变量之间的关系;ζ 为结构方程的误差项。

根据前文理论分析及研究假设,本章分别构建了模型 I 和模型 II。其中,模型 I 用以探讨社会网络与农业技术推广服务两种信息获取渠道对农户节水灌溉技术采用的影响,即社会网络、推广服务、农户认知和社区环境为 4 个外生潜变量,技术采用为内生潜变量。进一步,在分析模型 I 估计结果基础上,增加一条影响路径,构建模型 II,验证社会网络是否会影响农户对推广服务的评价,进而影响技术采用。最后,通过对比和分析模型 I 和模型 II 的估计结果验证假设前文理论假设。

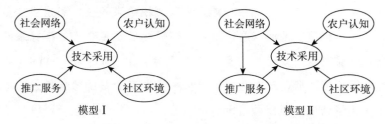

图 7 - 1　社会网络与农业技术推广服务对农户技术采用的影响路径

4. 社会网络与农业技术推广服务对农户技术采用行为影响的实证结果

运用 Amos 22.0 软件,通过极大似然估计法对模型 I 进行实证分析,得到社会网络、推广服务对农户节水灌溉技术采用的影响结果(见表 7 - 4)。首先,测量模型的路径分析结果显示,可观测变量的因子载荷系数处于 0.50~0.95,表明该测量变量具有较强的解释能力。其中,农户社会网络与网络学习间的因子载荷系数最大为 0.666,说明网络学习这个变量对农户社会网络的贡献率最大;推广服务与推广强度之间的因子载荷系数最高为 0.837,说明技术推广强度对推广服务的贡献率最高;农户认知与可观测变量作用认知间的因子载荷系数最高为 0.746,说明其对农户认知的解释性较强;对于社区环境,可观测变量人际关系与其间的因子载荷系数最高为 0.766，说明人际关系对社区环境的解释力最强。采用行为与技术采用意愿间的因子载荷系数为 0.835，表明其最能解释农户节水灌溉技术采用行为。

表 7－4　模型 I 标准化路径系数及检验结果

路径	参数估计值	标准误差	临界比	标准化路径系数	显著性水平
采用行为←社会网络	0.285	0.065	4.369	0.260	***
采用行为←推广服务	0.259	0.061	4.223	0.217	***
采用行为←农户认知	0.565	0.061	9.211	0.663	***
采用行为←社区环境	0.587	0.104	5.642	0.372	***
网络学习←社会网络	1	—	—	0.666	—
网络互动←社会网络	0.965	0.102	9.441	0.656	***
网络互惠←社会网络	0.892	0.094	9.443	0.622	***
网络信任←社会网络	0.549	0.059	9.376	0.546	***
推广强度←推广服务	1	—	—	0.837	—
推广质量←推广服务	0.940	0.062	15.288	0.740	***
推广水平←推广服务	0.938	0.096	9.815	0.563	***
推广态度←推广服务	0.915	0.107	8.576	0.489	***
稀缺认知←农户认知	0.405	0.052	7.749	0.426	***
技术认知←农户认知	0.831	0.068	12.156	0.720	***
水价认知←农户认知	0.563	0.059	9.601	0.530	***
作用认知←农户认知	1	—	—	0.746	—
制度公开←社区环境	1.038	0.128	8.122	0.507	***
制度执行←社区环境	0.977	0.106	9.256	0.567	***
村庄风气←社区环境	1.088	0.078	13.936	0.724	***
人际关系←社区环境	1	—	—	0.766	—
采用意愿←采用行为	1.128	0.089	12.620	0.835	***
支付意愿←采用行为	0.648	0.067	9.650	0.466	***
采用面积←采用行为	1	—	—	0.564	—

注：*** 表示 1% 的显著性水平。下同。

其次，结构模型的路径分析结果显示，4 个外生潜变量与农户节水灌溉技术采用的标准化路径系数均在 1% 的水平正向显著，表明社会网络、推广服务、农户认知和社区环境正向影响农户节水灌溉技术采用。社会网络、推广服务、农户认知和社区环境对农户节水技术采用的标准化路径系数分别是 0.260、0.217、0.663 和 0.372，说明以上因素每提高 1 个单位，农户节水灌溉技术采用的概率则会分别提高 0.260、0.217、0.663 和 0.372 个单位。其中可以看出，对节水灌溉技术采用影响最大的因素是农户认知，之后依次是社区环境、社会网络和推广服务。这一结果表明，在影响农户节水灌溉技术采用的 4 个外生潜变量中，农户自身意识对技术采用的影响最大，可能的原因是农户认为节水灌溉技术越重要，对其了解程度越大，同时越感觉到灌溉用水的稀缺和较高水价带来的压力，则农户越愿意采用节水灌溉技术，相应的采用意愿和采用面积也越大。社区环境是农户从事农业生产所处的外部环境，所在村庄良好的人际关系、社会风气，村庄制度的公开透明和较强的执行力为农户更好地利用节水灌溉技术、进行技术交流提供了良好的环境。社会网络和推广服务对农户采用节水灌溉技术有促进作用，从标准化路径系数来看，社会网络的作用更大。由此反映出农户社会网络作为一种非正式组织，在促进节水灌溉技术采用过程中起到了关键作用。同时，推广服务的标准化路径系数略小，进一步表明现有推广部门虽在技术采用方面具有促进作用，但推广效果有待进一步加强。

为进一步检验社会网络是否会通过影响推广服务而间接影响农户的节水灌溉技术采用，本章在模型Ⅰ的基础上增加社会网络与推广服务之间的影响路径，模型Ⅱ估计结果如表 7-5 所示。由于测量模型中可观测变量因子载荷与模型Ⅰ基本一致，且受篇幅所限，表 7-5 仅报告了路径分析中主要潜变量间的路径系数。可以看出，社会网络对推广服务的载荷系数显著为正，说明社会网络丰富的农户对农业技术推广服务的评价也越高。可能的原因是，社会网络丰富的农户参与交流互动的机会与频次往往要高于其他农户，因而能够接触到更多的政府推广信息，并能够更好地理解和掌握推广部门的技术指导与示范，从而表现出对技术采用的间接影响效应。这与 Feder 和 Slade（1986）研究中认为有能力的农户更可能成为推广服务中的技术推广者的结论相吻合，同时也验证了 Genius 等（2013）研究中政府推广效应因农户社会网络渠道的存在而加强的结论。由此可以验证假设 2 成立。

表 7 – 5 模型 II 标准化路径系数及检验结果

路径	参数估计值	标准误差	临界比	标准化路径系数	显著性水平
推广服务←社会网络	0.284	0.059	4.787	0.311	***
采用行为←社会网络	0.283	0.069	4.112	0.249	***
采用行为←推广服务	0.252	0.068	3.732	0.202	***
采用行为←农户意识	0.563	0.061	9.196	0.655	***
采用行为←社区环境	0.581	0.104	5.613	0.365	***

为评价模型 I 和模型 II 对现实情况的解释能力，本章对模型拟合程度进行了评估。拟合程度越高，则模型对问题的解释性越强。结构方程模型的评价指标主要有绝对适配指数和相对适配指数两种，根据以往经验，本章选择 *GFI*、*RMSEA*、*AGFI*、*NFI*、*IFI*、*TLI* 和 *CFI* 等拟合优度指标对模型适配情况进行检验，具体模型拟合值如表 7 – 6 所示。从表 7 – 6 中可以看出，模型 I 各指标拟合值中，除 *RMSEA* 值略高于评价标准外，其他指标均符合标准；而模型 II 中各指标拟合情况均达到评价标准。通过对比评价标准参考值可以看出，模型 II 中各指标更加符合要求，因此可认为模型 II 适配情况更好，解释力更强，也更加贴近现实。

表 7 - 6 模型适配指标

拟合优度指标	评价标准	模型 I 拟合值	拟合情况	模型 II 拟合值	拟合情况
GFI	>0.90	0.90	理想	0.90	理想
RMSEA	<0.05	0.51	接近	0.48	理想
AGFI	>0.90	0.87	理想	0.90	理想
NFI	>0.90	0.91	理想	0.91	理想
IFI	>0.90	0.92	理想	0.92	理想
TLI	>0.90	0.90	理想	0.92	理想
CFI	>0.90	0.92	理想	0.93	理想

三 农户节水灌溉技术采用过程中的学习行为：干中学和社会学习

（一）干中学与社会学习对农户技术采用影响的机理分析

近年来学者们对农业技术采用过程中的学习效应研究表现出了浓厚的兴趣（Liverpool and Winter，2010），基本观点是学习能够产生知识溢出效应，促进技术采用（Glaeser et al.，1992）。学习主要通过两种机制对农户技术采用行为产生作用。一是能力提升机制，即农户可以通过循序渐进地学习来积累技术采用经验，从而提高自身技能水平，促进生产效率的提升。例如，Foster 和 Rosenzweig（1995）研究认为农户对技术使用和管理的不完全信息是阻碍新技术采用的重要因素，随着新技术的采用，采用障碍会随着农户经验的增加而消失，农户自身经验和邻里间的相互交流可以提升其采用意愿；Sjakir 等（2015）研究发现，通过参与田间学校项目，能够丰富农户的科学知识和技能，对其采用合适的技术和提高生产力具有积极作用；Genius 等（2013）在对农户灌溉技术采用与扩散的研究中发现，来自农户关系网络和推广机构的技术学习能够促进信息传播，从而有助于提高采用率，促进技术扩散。二是风险规避机制，即农户在技术采用过程中的学习能够使其更好地了解技术，从而规避生产风险，降低由风险带来的损失。例如，Barham 等（2004）认为技术采用是一个包含风险管理、学习行为和投资调整的动态过程；Barham 等（2015）在对农户转基因玉米品种采用的研究中发现，试采用和学习可以降低农户采用的不确定性，在技术采用中发挥着重要作用。Ghadim 等（2015）通过对澳大利亚西部地区农户采用新作物品种的研究发现，风险规避行为会阻碍新品种的采用和扩散，而农户对新品种的采用过程是信息获取和边干边学的过程，学习行为能够改变农户对风险的态度和管理能力，有利于降低技术不确定性，从而促进技术采用。从上述研究来看，农户学习对其技术采用的两种影响机制已经成为学者的共识，因此本书认为，在节水灌溉技术采用过程中，农户学习行为对其技术采用的影响中也存在以上两种机制。也就是说，本书将"学习行为能够促进农户节水灌溉技术采用"作为研究假定，后续研究中，关于不同学习方式对其技术采用行为的影响也是在这一假定下进行分析的。

目前来看，农业技术采用过程中的学习可分为干中学和社会学习两种方式。其中，干中学表现为农户在生产过程中不断学习、发现并解决问题，总结经验、获得技能，即边生产边学习，是农户在生产中获取人力资本的主要方式之一（张朋，2012）。社会学习指农户通过互动参与和观察来验证知识的过程，或者通过与专业人士一起讨论来达成一致意见的过程。在节水灌溉技术采用过程中，农户主要通过社会网络互动和政府推广获取技术信息进行社会学习。具体而言，农户通过与亲朋、邻居等沟通互动获取信息，可以修正技术预期收益，优化技术采用行为。与此同时，农业技术推广服务是我国政府干预农户技术采用行为的主要手段，也是农户获取专业化技术信息和服务的重要渠道。然而，在已有研究中，干中学和社会学习在技术采用中的影响大小并未形成一致性结论。国外一些学者认为社会学习效应大小与农户能力和不确定性等有关（Wang and Reardon，2008）；Baerenklau（2005）在对威斯康星州奶牛场农户技术采用的研究中发现，与干中学相比，社会学习对农户技术采用的影响相对较小，而 Bandiera 和 Rasul（2006）在对莫桑比克共和国农户采用新品种的研究中发现，受教育程度较高的农户更倾向于通过干中学这一方式获取技术信息，而通过社会学习获取信息的倾向相对较低。Ma 和 Shi（2014）在对美国农户采用转基因大豆新品种的研究中对比了干中学和社会学习两种方式的影响程度，并发现干中学对农户行为决策的影响更大。虽然，已有研究关注了干中学和社会学习对新技术和作物新品种的影响，并得出了一些具有参考价值的结论，但现有研究对于两种学习方式的作用机理并不明确，而且鲜有学者关注节水灌溉技术采用中两种不同学习方式的影响。

本书认为，在节水灌溉技术采用过程中，干中学和社会学习对农户技术采用行为有影响，并能够通过农户技术采用效果和采用面积调整两个方面得到体现，具体的影响机理如图 7-2 所示。具体而言，当农户处于节水灌溉技术采用的初始状态时，对新技术缺乏基本的认知和采用经验，农户无法对技术采用的预期收益进行准确评估。为了规避风险和降低技术采用的不确定性，农户往往只会在其部分土地上试采用节水灌溉技术。随着时间的推移，农户通过干中学和社会学习不断积累知识、信息和采用经验，提高自身的技术水平和风险管控能力，从而对农户节水灌溉技术采用观点调整和投入产出结构的优化提供更好的指导，并表现为农户当期节水采用效果的提升。与此同时，干中学和社会学习也在不断更新着农户对节水灌溉技术采用效果的评价，以及对未来技术采用面积的预期，并表现为农户预期后续节水灌溉技术采用面积的扩大。

图7-2 技术采用动态过程

（二）干中学与社会学习对农户节水灌溉技术采用影响效应

1. 数据及样本特征

本章数据来自课题组于甘肃省开展的农户调查，样本区域和农户特征与第三章一致。需要说明的是，由于本节研究重点关注农户节水灌溉技术的采用效果，因此仅选取一个区域的一种作物进行研究。鉴于玉米种植最为广泛且面积最大，同时为了减小后文中技术效率的测算误差，本章仅选取甘州区367个采用节水灌溉技术的玉米种植户进行分析，具体玉米种植的投入产出情况如表7-7所示。其中，农业产出为玉米种植农户的玉米年产量，投入要素包括玉米生产中的物质资本投入（包括种苗、农药、化肥、农家肥、雇工费用、机械租赁、地膜等）、劳动力投入、土地投入和灌溉水投入等。

表7-7 玉米种植投入产出统计性描述

项目（单位）	均值	标准差	最小值	最大值
产量（斤）	21081.200	17610.040	1200	130000
土地投入（亩）	13.297	9.728	1	65
劳动力投入（人）	2.169	0.839	1	6
物质资本投入（元）	8689.350	7556.460	410	55120
灌溉水投入（元）	1034.679	953.583	60	8580

2. 变量设置

（1）因变量。本章目的在于探讨干中学和社会学习在农户技术采用过程中的影响效应，重点关注的是农户技术采用效果和未来采用面积调整行为，因此将农户节水灌溉技术采用效果和采用面积调整作为研究的两个因变量。其中，用灌溉用水效率反映农户技术采用的效果，具体操作中，将灌溉用水投入作为农户生产过程中的投入要素之一，在估计农户生产函数的基础上测算其灌溉用水效率。也就是说，最终测算得到的用水效率，实际上是在产出水平及其他要素投入水平不变的情况下，理论上的最小灌溉用水量与农户实际灌溉用水量之间的比值。农户采用面积调整是通过询问农户"您家未来是否会增加节水灌溉技术的采用面积?"这一问题来进行测度，如果农户未来会增加节水灌溉技术采用面积，则赋值为 1，否则为 0。

（2）自变量。①干中学。干中学所获得的人力资本在模型中难以测量，一般通过代理变量进行量化，如工作经验、工作年限和技能等（苏群、周春芳，2005；姚先国、俞玲，2006；吴炜，2016）。本章中采用农户种植年限和节水灌溉技术采用年限来表征农户干中学。其中，种植年限是农户从事农业生产的年限；技术采用年限为农户首次采用节水灌溉技术至受访时的年限。②社会学习。社会学习主要通过社会网络互动获取相关知识和信息，农户社会网络关系主要包括亲情网络（如亲朋、邻居等）和组织网络（如农技推广组织）等，因此，本章用"农户邻居采用节水灌溉技术人数"和"农户是否和周围人讨论灌溉技术采用心得体会"两个变量来衡量农户基于亲情网络的社会学习；通过"农户接受政府节水灌溉技术推广的次数"和"农户主动向技术部门请教的次数"两个变量来衡量农户基于组织网络的社会学习。

（3）控制变量。以往研究认为个体特征、家庭经营特征、外部环境特征是影响农户节水灌溉技术采用的因素（张兵、周彬，2006；王志刚等，2007；褚彩虹等，2012；徐涛等，2018；乔丹等，2017；许朗、刘金金，2013；李丰，2015），本章将其作为控制变量纳入农户节水灌溉技术选择的影响因素进行分析，同时考虑变量间可能存在相关关系。个体特征选取户主性别、年龄、受教育年限等变量，家庭经营特征包括村干部、农业劳动力数量、农业劳动力占比、农业收入占比、种植规模、耕地破碎化程度等变量。此外，考虑数据可获性和规避内生性问题，分别用家庭距乡政府、集市、车站和农技站的距离来表征外部环境特征。具体变量定义与描述如表7-8所示。

表7-8 变量的定义、说明及描述性统计分析

类别	变量名称	变量定义与说明	最小值	最大值	均值	标准差
技术采用	采用效果	采用节水灌溉技术的灌溉用水效率	待测变量，根据农户生产函数测得			
	采用面积调整	农户未来是否增加采用面积：1=是，0=否	0	1	0.098	0.298
干中学	种植年限	农户的实际种植年限（年）	2	68	33.597	11.615
	技术采用年限	农户已经采用节水灌溉技术的年限（年）	1	25	5.580	5.009
社会学习	邻居采用数量	农户邻居采用节水灌溉技术的人数（人）	2	160	34.202	28.188
	交流频繁程度	农户是否和周围人讨论灌溉技术采用心得体会：1=从不，2=偶尔，3=一般，4=经常，5=频繁	1	5	2.569	1.190
	推广次数	农户接受政府节水灌溉技术推广的次数（次）	0	1	0.068	0.252
	请教次数	农户主动向技术部门请教的次数（次）	0	7	0.305	0.849
个体特征	性别	1=男，0=女	0	1	0.586	0.493
	年龄	户主的实际年龄（岁）	20	78	51.929	10.253
	受教育年限	户主的实际受教育年限（年）	0	13	5.744	3.891

续表

类别	变量名称	变量定义与说明	最小值	最大值	均值	标准差
家庭经营特征	村干部	家中有无村干部：1 = 有，0 = 无	0	1	0.041	0.199
	农业劳动力数量	家庭农业劳动力数量（人）	1	6	2.169	0.839
	农业劳动力占比	家庭农业劳动力占总劳动力的比例	0.143	1	0.532	0.221
	农业收入占比	家庭农业收入占总收入的比例	0.091	1	0.465	0.274
	种植规模	家庭实际种植面积（亩）	1	65	13.297	9.728
	耕地破碎化程度	家庭耕地面积与块数的比值（亩/块）	0.067	20	1.803	2.098
外部环境特征	与乡政府距离	家庭距所在乡政府的实际距离（里）	0.400	40	8.043	6.466
	与集市距离	家庭距最近集市的实际距离（里）	0.400	30	6.381	5.114
	与车站距离	家庭距最近车站的实际距离（里）	0.040	46	6.435	6.074
	与农技站距离	家庭距最近农技站的实际距离（里）	0.400	60	8.233	6.873

3. 研究方法

（1）干中学和社会学习对节水灌溉技术采用效果的影响。本书将农户灌溉用水效率作为节水灌溉技术采用效果的衡量指标，并在测算农业生产技术效率的基础上推导灌溉用水效率。具体来看，以灌溉用水量作为农业生产的投入要素之一，并构建相应的随机前沿生产函数模型，利用 Frontier 4.1 软件通过估计随机前沿生产函数与农户生产技术效率，推导出农户灌溉用水效率。基于已有研究，本书建立了如下超越对数生产模型：

$$\ln Y_i = \beta_0 + \sum_j \beta_j \ln X_{ij} + \beta_w \ln W_i + \frac{1}{2} \sum_j \sum_k \beta_{jk} \ln X_{ij} \ln X_{ik} +$$

$$\sum_j \beta_{jw} \ln X_{ij} \ln W_i + \frac{1}{2} \beta_{ww} (\ln W)^2 + V_i - U_i \qquad (7-1)$$

其中，$i = 1, 2, 3, \cdots, N$，表示第 i 个农户；Y_i 为第 i 个农户作物产量；X_{ij} 表示第 i 个农户的第 j 种要素投入，$j = 1, 2, 3, \cdots, N$，包括资本投入、劳动力投入和土地投入；W_i 表示第 i 个农户的灌溉用水量；其余为各自变量的平方项和交叉项；β 为待估参数。根据 Reinhard 等（1999）的研究，产量和其他投入都不变的情况下，灌溉用水效率 WE 等于最小灌溉用水量与实际灌溉用水量的比值。根据（7-1）式中各种投入要素参数估计值可以得到灌溉用水效率：

$$WE_i = \exp \left[\left(-\xi \pm \sqrt{\xi^2 - 2\beta_{ww} u_i} \right) / \beta_{ww} \right] \qquad (7-2)$$

其中：

$$\xi_i = \frac{\partial \ln Y_i}{\partial \ln W_i} = \beta_w + \sum_j \beta_{jw} \ln X_{ij} + \beta_{ww} \ln W_i \qquad (7-3)$$

在测算农户灌溉用水效率的基础上，本书基于"两步法"考察干中学和社会学习对农户节水灌溉技术采用效果的影响效应。需要说明的是，虽然 Battese 等提出的"一步法"在估计技术效率的同时也可以同时估计外生变量对技术非效率的影响，并可能会在一定程度上降低估计偏差，但"两步法"更适合本书研究中对于灌溉用水效率影响因素的分析，并具有一定可行性，原因主要在于以下两点：一是，灌溉用水效率值是根据随机前沿生产函数中各参数估计值计算得出的，即通过对（7-1）式中的参数估计值进行计算之后才能用于进一步的影响因素估计，因此不能与传统的"一步法"进行兼容；二是，评估灌溉用水效率影响因素方程中的随机误差项与随机前沿生产函数中的误差项的假设分布并不直接相关（耿献辉等，2014）。因此，灌溉用水效率影响因素估计方程可表示为：

$$WE_i = f(Z_i; \delta) + \varepsilon_i \qquad (7-4)$$

其中，WE_i 表示第 i 个农户灌溉用水效率，Z_i 为影响灌溉用水效率的各因素向量，δ 为待估参数，ε_i 为随机误差项。

由于作为因变量的灌溉用水效率取值在 0~1，采用普通最小二乘法估计的结果是有偏且不一致的，因此本书运用基于极大似然估计法的 Tobit 模型进行估计，具体模型定义如下：

$$y^* = Z\delta + \varepsilon \qquad (7-5)$$

其中，y^* 为模型中的潜变量；$\mu Z \sim \text{Normal} (0, \sigma^2)$；$Z\delta = (\delta_0 + \delta_1 z_1 + \delta_2 z_2 + \cdots + \delta_i z_i)$

$$WE_i = \begin{cases} y^* & (y^* > 0) \\ 0 & (y^* \leqslant 0) \end{cases} \qquad (7-6)$$

其中，y^* 为潜变量，WE_i 为 y^* 的观测变量，z_i 为解释变量，δ_i 为待估系数。

（2）干中学和社会学习对节水灌溉技术采用调整的影响。农户节水灌溉技术采用调整行为可以看作一个二元选择问题，即农户可以选择增加未来采用面积或不增加未来采用面积，因此可用二元 Probit 模型进行考察。设定 Y 为因变量，则 $Y = 0$ 表示农户未来不增加节水灌溉技术采用面积，$Y = 1$ 表示农户未来会增加节水灌溉技术采用面积。二元 Probit 模型的矩阵定义为：$Y = X\beta + \mu$，其中 X 为影响农户节水灌溉技术采用调整行为的影响因素，β 为待估系数，μ 是相互独立且服从正态分布的残差项。引入一个与 X 有关的潜变量 Y^*，$Y^* = X\beta + \mu^*$。Y 与 Y^* 的对应关系表达为：

$$Y = \begin{cases} 1 & (Y^* > 0) \\ 0 & (Y^* \leqslant 0) \end{cases} \qquad (7-7)$$

进而，Y 的概率模型为：

$$P(Y = 1 | X, \beta) = P(Y^* > 0) = P(\mu^* > -X\beta) = 1 - F(-X\beta) \qquad (7-8)$$

$$P(Y=0|X,\beta) = P(Y^* \leq 0) = P(\mu^* \leq -X\beta) = F(-X\beta) \quad (7-9)$$

因此，农户节水灌溉技术采用调整行为的影响因素模型可设为：

$$Y(\text{是否增加采用面积}) = F(\text{干中学，社会学习，}$$
$$\text{个体特征，家庭特征，环境特征等}) \quad (7-10)$$

4. 干中学与社会学习对农户节水灌溉技术采用效果的影响

首先采用 Frontier 4.1 软件对农户节水灌溉技术效率进行估计，结果如表 7-9 所示。从模型整体拟合程度来看：Sigma-squared 值为 0.163，且达到了 1% 的显著性水平，表明误差项显著存在；Gamma 值为 0.984，且达到了 1% 的显著性水平，表明技术无效项显著存在，且 98.4% 的误差是由技术无效引起的；LR 统计量为 45.607，高于临界值，拒绝了不存在技术无效项的原假设；Log Likelihood 的值为 31.906。综合以上结果来看，SFA 模型在本研究中具有较好的适用性，可以较好地测度农户采用节水灌溉技术的效率。

从玉米生产的主要投入要素来看，土地、水的系数估计值为正，且分别在 10% 和 1% 的水平显著，表明增加种植面积和灌溉水投入可以提高玉米产量，这与徐涛等（2016）、刘天军和蔡起华（2013）等人的研究一致；劳动力和物质资本没有通过显著性检验，与其他学者关于生产效率的研究结论有所出入，笔者认为可能由以下原因造成：一方面，由于调研地区农户大多从事多种作物种植，单一作物的劳动力投入不易测度，为规避估计误差，本书使用玉米生产过程中的家庭农业劳动力数量代替劳动力投入，将雇工费用计入物质资本投入，而受访家庭农业劳动力多为 2~4 人，且在玉米生产过程中不存在显著差异；另一方面，农户为了提高玉米产量，大多铺设地膜保温保水，部分村庄为农户免费发放地膜，因此在物质投入中地膜费用具有较大差异，这可能是造成物质投入不显著的主要原因。

表 7 – 9   随机前沿生产函数模型估计结果

变 量	系 数	标准误	变 量	系 数	标准误
常数项	8.836	3.252	土地×劳动力	0.195**	1.983
土地	1.454*	1.739	土地×物质资本	-0.205	-1.580
劳动力	0.258	0.558	土地×水	0.176***	2.561
物质资本	-1.154	-1.475	劳动力×物质资本	0.020	0.245
水	0.945***	2.545	劳动力×水	-0.105*	-1.791
（土地）²	0.033	0.212	物质资本×水	-0.111**	-2.132
（劳动力）²	-0.343***	-3.991	Sigma-squared	0.163***	10.645
（物质资本）²	0.274**	2.072	Gamma	0.984***	104.723
（水）²	-0.051	-1.183	Log Likelihood = 31.906		

注：***、**、*分别表示 1%、5% 和 10% 的显著性水平。下同。

利用农户家庭农业生产的投入产出数据，通过 SFA 模型测算出各农户灌溉用水效率，具体区间统计结果如表 7 – 10 所示。样本农户平均灌溉用水效率为 0.420，其中 38.69% 的农户灌溉用水效率低于 0.4，45.51% 的农户灌溉用水效率在 0.4 ~ 0.8，仅有 15.8% 的农户灌溉用水效率高于 0.8。这在一定程度上反映了农户节水灌溉技术采用效果不佳，有较大的提升空间。

表 7 – 10   样本农户灌溉用水效率分布

灌溉用水效率区间	频数	占比（%）	累计占比（%）
[0 ~ 0.2)	46	12.53	12.53
[0.2 ~ 0.4)	96	26.16	38.69
[0.4 ~ 0.6)	94	25.70	64.39
[0.6 ~ 0.8)	73	19.81	84.20
[0.8 ~ 1]	58	15.8	100

在所设定变量通过了多重共线性检验后，利用 Stata 14.0 软件，采用 Tobit 模型估计农户干中学和社会学习对节水灌溉技术

采用效果的影响，结果如表 7 - 11 中模型 1 所示。从估计结果可以看出，在干中学两个变量中，技术采用年限的系数估计值为 0.006，且在 5% 的水平正向显著，说明采用节水灌溉年限越长的农户技术采用效果越好，这在一定程度上反映出农户在采用节水灌溉技术过程中可以通过干中学积累经验，增加对技术的了解认知，进而提升采用效果；种植年限的影响作用并不显著，可能的原因是种植年限表征的是农户从事农业生产的一般性经验，对技术采用效果没有直接影响。

在社会学习变量中，交流频繁程度和请教次数的系数估计值分别为 0.031 和 0.040，并均在 1% 的水平正向显著，说明农户与周围农户的交流和与农技部门的沟通对农户技术采用效果具有促进作用，农户通过社会学习不断改进技术认知，优化投入产出结构，提升技术采用效果。

在控制变量的个体特征中，农户性别的估计系数为 - 0.062，在 5% 的水平显著，说明户主为女性时技术采用效果较好。样本区域约 70% 的男性劳动力外出打工，女性成为主要的农业劳动力，她们对干旱缺水有切身感知，更加注重节水技术采用；农户受教育年限的估计系数为 0.006，并在 10% 的水平显著，说明农户文化水平越高，其技术采用效果越好。

在家庭经营特征中，农业劳动力数量的系数估计值为 - 0.041，并在 1% 的水平显著，说明家庭农业劳动力数量越多，技术采用效果越差；耕地破碎化程度的系数估计值为 0.012，在 5% 的水平显著，原因可能是地面面积大更有利于节水灌溉的技术实施，在灌溉过程中可以减少不必要的水分流失。

在外部环境特征中，家庭与车站距离和农技站距离的系数估计值均为 - 0.006 并在 5% 的水平显著，说明农户信息获得性越高，农户技术采用效果较好。离车站和农技站较近的农户可能更容易获取生产信息，提升技术采用效果。农户家庭与乡政府距离的系数估计值为 0.008，并在 5% 的水平显著，说明农户家与政府越远，其技术采用效果越好。可能的原因是离政府较近的农户更多位于乡镇中心，地理位置优势使其获取非农收入的机会相对较高，对农业生产重视程度不足可能是导致技术采用效果不佳的原因。

Tobit 模型的系数估计值即为变量的边际效应值，从估计结果可以看出，技术采用年限、交流频繁程度和请教次数每提高 1 个单位，农户技术采用效果即可提高 0.006、0.031 和 0.040 个单位，与干中学比较，社会学习对农户技术采用效果的影响较大。

5. 干中学与社会学习对农户节水灌溉技术采用面积调整的影响

本章利用 Probit 模型进一步探究了干中学与社会学习对农户节水灌溉技术采用面积调整的影响，结果如表 7 – 11 中模型 2 所示。从估计结果来看，在表征干中学的变量中，技术采用年限的系数估计值为 0.051 并在 5% 的水平正向显著，说明采用节水灌溉技术年限较长的农户未来更愿意增加节水灌溉技术采用面积。

在表征社会学习的变量中，交流频繁程度和推广次数对未来农户节水灌溉增加采用面积有正向影响，系数估计值分别为 0.216 和 0.639，且在 5% 和 10% 的水平正向显著，说明农户间交流越频繁，政府推广力度越大，越会促进未来节水灌溉技术采用面积增加。

在农户个体特征和家庭经营特征中，农户受教育年限的系数估计值在 5% 的水平正向显著，说明受教育程度高的农户未来更愿意增加节水灌溉技术采用面积；农业劳动力数量的系数估计值为负且在 5% 的水平显著，农业劳动力占比系数估计值为正并在 5% 的水平显著，可能是因为农业劳动力占比较高的家庭更多从事农业生产，对农业依赖程度较高，其未来更可能增加节水灌溉技术采用面积。

在外部环境特征中，只有农户家庭与车站距离的系数估计值在

表 7 - 11　模型估计结果

变量		模型1：Tobit模型			模型2：Probit模型			
		系数	标准误	T值	系数	标准误	Z值	边际效应
干中学	种植年限	0.000	0.002	-0.20	0.004	0.021	0.19	0.001
	技术采用年限	0.006**	0.002	2.53	0.051**	0.021	2.42	0.007
社会学习	邻居采用数量	0.000	0.000	-0.40	0.002	0.004	0.49	0.000
	交流频繁程度	0.031***	0.010	3.17	0.216**	0.092	2.33	0.031
	推广次数	0.030	0.046	0.66	0.639*	0.358	1.78	0.091
	请教次数	0.040***	0.014	2.80	0.004	0.113	0.04	0.001
个体特征	性别	-0.062**	0.026	-2.40	-0.306	0.230	-1.33	-0.044
	年龄	0.001	0.003	0.34	-0.013	0.023	-0.56	-0.002
	受教育年限	0.006*	0.004	1.73	0.089**	0.037	2.38	0.013
家庭经营特征	村干部	-0.067	0.058	-1.16	-0.567	0.599	-0.95	-0.081
	农业劳动力数量	-0.041***	0.015	-2.68	-0.338**	0.169	-2.00	-0.048
	农业劳动力占比	0.045	0.057	0.78	1.096**	0.531	2.06	0.156
	农业收入占比	0.018	0.046	0.40	0.596	0.424	1.40	0.085
	种植规模	-0.001	0.001	-0.98	-0.013	0.011	-1.18	-0.002

续表

变量		模型 1：Tobit 模型			模型 2：Probit 模型			
		系数	标准误	T 值	系数	标准误	Z 值	边际效应
家庭经营特征	耕地破碎化程度	0.012**	0.006	2.20	-0.034	0.058	-0.58	-0.005
外部环境特征	与乡政府距离	0.008**	0.003	2.28	0.007	0.033	0.21	0.001
	与集市距离	-0.002	0.003	-0.67	0.042	0.043	0.97	0.006
	与车站距离	-0.006**	0.003	-2.35	-0.087**	0.037	-2.36	-0.012
	与农技站距离	-0.006**	0.003	-2.13	-0.003	0.023	-0.13	0.000

5%的水平负向显著，其他变量的影响结果均不显著。距离车站近的农户可能居住在交通较便利、离乡镇中心更近的地方，农户出行较为便利，因此更容易外出从事非农行业，而对节水灌溉技术采用关注程度不高。

为进一步考察干中学和社会学习的影响效应，利用 Probit 模型，本章测算了干中学和社会学习对未来增加采用面积意愿的边际效应，在 Probit 模型中，技术采用年限、交流频繁程度和推广次数的边际效应值分别为 0.007、0.031 和 0.091，说明技术采用年限、交流频繁程度和政府推广次数每提高 1 个单位，农户未来增加采用面积的意愿提高 0.007、0.031 和 0.091 个单位。值得指出的是，无论是对农户节水灌溉技术采用效果还是对未来调整采用面积行为的影响，与农户干中学相比，社会学习的影响效应更大，同时这也证明了模型 1、模型 2 估计结果具有稳健性。

6. 稳健性检验

为了检验以上分析结果的稳健性，本章进一步利用民勤县采用节水灌溉技术的农户调查数据进行了稳健性检验。需要说明的是，为了方便分析，仅选取了农户未来增加采用面积的意愿作为因变量，其他分析过程与上文一致，不再赘述。这里仅汇报干中学和社会学习指标对农户未来面积调整的影响，估计结果如表 7 – 12 所示。

表 7 – 12　稳健性检验结果

	变量	系数	标准误	Z 值	边际效应
干中学	种植年限	0.007	0.027	0.24	0.001
	技术采用年限	0.058 **	0.028	2.09	0.005
社会学习	邻居采用数量	0.007	0.005	1.41	0.000
	交流频繁程度	0.128	0.071	1.81	0.027
	推广次数	0.098 **	0.049	2.02	0.031
	请教次数	− 0.047	0.137	− 0.35	0.002

由结果可以看出，虽然估计结果的显著指标和显著程度与上文结果存在一定差异，但仍可以说明干中学和社会学习对农户节水灌溉技术采用效果和未来增加采用面积意愿存在显著影响，边际效益分析结果可以看出，社会学习的影响仍然较大，从而证明上文分析结果具有一定稳健性。

四　本章小结

本章首先通过构建结构方程模型，从理论和实证层面分析了社会网络与农业技术推广服务两种渠道对节水灌溉技术采用的影响效应，得到如下结论。(1) 社会网络和农业技术推广服务作为农户获取技术信息的两种最主要的渠道，对农户节水灌溉技术采用具有显著的促进作用。从影响路径系数来看，社会网络对农户节水灌溉技术采用的影响大于推广服务的作用，表明社会网络作为一种非正式的关系网络，在节水灌溉技术采用中发挥着更为重要的作用。(2) 社会网络对推广服务有显著的正向影响，表明社会网络丰富的农户能够获得更多的农业技术推广服务，并间接促进节水灌溉技术采用。上述结论证实了社会网络对节水灌溉技术采用的促进作用具有直接和间接效应，直接效应表现在社会网络丰富的农户更容易通过技术交流和互动获取技术信息，从而促进技术采用，间接效应表现在农户社会网络可以通过影响推广服务效果而影响农户节水灌溉技术采用行为。(3) 农户认知与社区环境对农户节水灌溉技术采用行为有正向影响，其中内在认知的影响效应大于外部环境。此外，运用 Tobit 和 Probit 模型实证分析了干中学和社会学习对农户节水灌溉技术采用行为的影响效应，并对分析结果进行稳健性检验，结果表明。①农户节水灌溉技术采用过程中存在干中学效应，具体表现为农户技术采用年限对节水灌溉技术采用效果和未来增加采用面积的意愿有显著正向影响，农户技术采用年限每提高 1 个单位，其节水灌溉技术采用效果提高 0.006 个单位，未来增加采用面积的意愿提高 0.013 个单位。②农户节水灌溉技术采用过程中存在社会学习效应，具体表现在农户交流频繁程度对其技术采用效果具有显著正向影响，交流频繁程度每增加 1 个单位，技术采用效果提高 0.031 个单位；农户交流频繁程度和政府技术推广次数对农户未来增加技术采用面积的意愿具有显著正向影响，交流频繁程度和推广服务次数每提高 1 个单位，农户未来增加采用面积的意愿分别可以提高 0.031 和 0.091 个单位。③与农户干中学相比，通过亲情网络交流和组织网络的社会学习对农户节水灌溉技术采用效果和未来增加采用面积意愿的影响更大。④对民勤县的数据分析结果表明上述研究结果具有一定的稳健性。

社会网络与农业技术推广服务对农户节水灌溉技术采用效果影响

第五、第六、第七三章分别从农户节水灌溉技术采用的不同阶段,分析了社会网络和农业技术推广服务对农户技术采用的影响,可以看出,社会网络和农业技术推广服务可以促进农户获取技术信息,两者及其交互作用可以促进农户技术采用决策,社会网络对农户实际技术采用具有直接的促进作用,也可以通过正向影响农户接受农业技术推广服务而间接影响其技术采用行为,同时来自社会网络和农业技术推广服务的技术学习对农户节水灌溉技术采用效果与未来采用均有显著影响。本章在以上章节研究的基础上,将采用节水灌溉技术的农户分为直接推广模式组与嵌入社会网络示范户模式组,测算不同组农户灌溉水利用效率,同时考虑到样本选择与内生性问题,将不同特征农户进行匹配,考察政府不同推广模式下农户节水灌溉技术采用效果的差异,进而基于不同推广模式特征与原理,提出差异化的节水灌溉技术推广新思路。

一 问题的提出

为应对日益增长的用水需求和水资源短缺约束,政府不断加大节水灌溉技术推广力度,实施技术补贴政策,鼓励农户采用节水灌溉技术,但目前节水灌溉技术应用程度仍然偏低,节水效益未能得到充分发挥。创新节水灌溉技术推广模式，探讨提高技术推广效率的方法与对策，是打破政府推广效率低下瓶颈、增强推广效果的有效途径。

已有学者对农业技术推广开展了广泛的研究，主要集中在农业技术推广现状与问题探究（庄天慧等，2013；孔祥智、楼栋，2012）、农业技术推广指标体系构建与绩效评价（农业部农村经济研究中心课题组，2005；汪发元、刘在洲，2015）、农业技术推广行为与影响因素分析（刘笑明，2007；高启杰等，2015）以及农业技术推广模式创新（申红芳等，2012；张能坤，2012）等方面。通过梳理相关文献发现，有关农业技术推广的国外研究涉及范围相对较广，不仅包含了农业推广组织与运行机制的研究，而且涉及农户接受推广后的发展问题（Goyal and Netessine，2007；Mobarak and Rosenzweig，2012）。而国内关于农业技术推广的研究主要集中在农业推广体系建设、运行机制改革等方面。这些文献为农业技术推广模式研究提供了充实的理论和实践基础，但大多数研究对推广模式的探讨并不深入，也未充分意识到农户参与推广项目的重要性，涉及农户参与推广项目的推广模式比较少见。随着社会网络理论的兴起，学者开始重视社会网络、信息传播在农业技术采用中的重要作用。国外一些学者提出一些新的技术推广方式，旨在通过农户间的信息传播和领导示范，增强政府技术推广效果。但在已有的文献中，政府推广组织和农户社会网络间的互动关系一直未得到应有重视，尤其在国内，尚未被纳入研究者的视野，这可能导致农业技术推广服务机制设计偏差和服务范围拓展局限，不利于提高农业技术推广效率。因此，探索不同推广模式下农户节水灌溉技术采用效果，寻求并创新节水灌溉技术推广的有效方式，可为我国农业技术推广提供制度创新思路。

基于此，本章以甘肃省节水灌溉技术推广为例，运用农户调查数据资料，对比分析了直接推广模式和嵌入社会网络示范户推广模式下农户节水灌溉技术采用效果，考察示范户内嵌于政府农业技术推广服务组织中如何发挥更大作用，以期为我国节水灌溉技术推广模式创新提供新思路和实证支持。本章创新之处在于：第一，对直接推广和嵌入社会网络示范户推广两种推广模式进行了分析和比较，明确了两种推广模式的特征和机理；第二，测算了两种推广模式下农户采用节水灌溉技术的灌溉用水效率，探讨了政府推广服务是否可以利用示范户的示范效应提高推广效果；第三，利用 PSM 模型评价不同政府推广模式对农户节水灌溉技术效率的影响，规避了选择性偏误和内生性问题的影响，减小了估计偏差，使估计结果更加可信。

二 直接推广模式与嵌入社会网络示范户推广模式的特征分析

目前，调查样本区域的节水灌溉技术推广由政府主导，主要采取两种模式。一是直接推广模式，即农业技术推广组织对农户进行直接指导，主要采取农技人员在田间地头进行技术讲解或驻村蹲点的方式，通过实地解决农户技术采用过程中的问题进行节水灌溉技术推广；此外，推广部门还通过培训指导，组织农业管理人员、农户参加技术培训班，组织农技人员到田间进行技术指导，通过宣传推广和印发资料，利用报纸期刊、电视、广播等媒介宣传技术等多种多样的方式对农户进行直接推广。二是嵌入社会网络示范户推广模式，即政府部门通过划定一定的技术推广区域（如某个村庄或社区）为技术推广示范点，然后在示范点建立示范户，一般选定受教育程度较高、在村中具有威信、种植大户或村中能人作为示范户，在其承包土地上对新技术采用进行示范，从而带动周边农户进行技术采用。以上两种推广模式在农户节水灌溉技术采用过程中发挥了重要作用，前者为政府推广组织对农户技术采用的指导与控制，后者主要借助农户间的社会网络关系，扩大技术示范户的示范带动作用，从而提升农户节水灌溉技术采用率。两种推广模式的具体特征如图 8 - 1 所示：推广模式 1 是农业技术推广机构直接对样本村中农户进行指导培训，通过技术交流和信息传播进一步带动广大农户采用节水灌溉技术；推广模式 2 是农业技术推广机构在样本村中选取一定的节水灌溉技术采用示范户，首先对示范户进行技术推广，然后充分发挥示范户的带动作用，通过节水示范户与普通农户间的技术交流和信息传播推动节水技术的全面实施。然而不同推广模式的效果有待检验，政府推广组织是否可通过示范户的"示范效应"提升节水灌溉技术采用效果，已有研究并未做出明确回答。

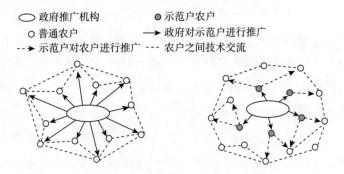

图 8 - 1 节水灌溉技术推广模式示意

三 数据来源、变量设置与研究方法

（一）数据来源与样本描述

本章使用的数据来自课题组对甘肃省的农户调查资料，样本区域概况及农户特征与上文描述一致。为了使研究结论具有可靠性，本章研究对象仅为接受过政府农业技术推广服务采用节水灌溉技术的玉米种植户。根据所在村庄技术推广模式的不同，将调查农户划分为直接推广模式组和嵌入社会网络示范户推广模式组，以下简称"推广组"和"示范组"。其中，推广组农户均接受过技术推广机构的直接推广服务，样本共计 218 户；示范组农户为所在村庄均有政府建设的节水灌溉技术示范户，且其接受过示范户推广，样本共计 94 户。

（二）变量选取

1. 因变量选取

农业技术推广效果可以用技术采用率、增产效果、技术效率等指标进行衡量。鉴于技术效率能够综合反映农业技术推广效果，本章选择灌溉用水效率来表征节水灌溉技术推广效果。已有研究多采用灌溉水生产率、万元农业 GDP 耗水量，以及亩均灌溉用水量等指标来评价农业用水效率（许朗、黄莺，2012）。但本章研究的侧重点是农户节水灌溉技术的管理与操作水平，而不是以往研究中灌溉用水的产出水平（即每单位灌溉用水的产出量），也不是每单位农田所消耗的灌溉用水量。也就是说，本章研究中关注的是理论上的最佳技术水平与受访农户实际技术水平之间的关系。在计量分析中，以农户灌溉用水投入作为其节水灌溉技术运用水平的衡量指标，因此最终需要测算的是理论最低用水投入与农户实际用水投入之间的比值。具体分析中，首先根据农户生产过程中的各类要素投入（包括灌溉用水投入）与产出水平估计其生产函数曲线，从而获取农户生产的前沿面（包含最低的灌溉用水投入）。然后，在保持农户产出、技术和其他投入要素不变的情况下，计算最低灌溉用水投入与实际用水投入的比值。借鉴以往研究，农业产出用农户年产量表示，生产中的要素投入包括物质资本投入（包括种苗、农药、化肥、农家肥、雇工费用、机械租赁、地膜等）、劳动力投入、土地投入和灌溉水投入。投入产出变量的描述性统计如表 8-1 所示。

表 8 - 1　农户玉米种植投入产出统计性描述

项目（单位）	均值	标准差	最小值	最大值
产量（斤）	17857.230	14345.334	600	70000
物质资本投入（元）	9835.928	15138.387	200	98460
劳动力投入（人）	2.085	0.556	1	6
土地投入（亩）	19.690	14.388	0.5	100
灌溉水投入（元）	2150.291	2516.821	10	20400

2. 匹配变量选择

匹配变量应是影响灌溉用水效率及推广模式的协变量，而不是受到政府推广模式影响的协变量，即用来进行模型估计的变量不能受到政府推广模式的影响。实证研究表明，性别、年龄、收入、耕地禀赋、土地规模、机会成本、风险和不确定性、人力资本、劳动力的可使用性、种植制度等影响农户技术采用行为，技术采用行为的差异会影响农户技术采用效率。农户灌溉用水技术因具有较高的系统性和复杂性，表现出强个体性。结合调查数据，在相关研究文献综述的基础上，借鉴前人的研究成果，本章用于估算推广服务效应的变量归纳为以下四大类：（1）农户个体特征变量，包括农户年龄、性别、受教育程度、村干部或党员和务农年限；（2）农户种植特征变量，包括种植规模和务农人数；（3）农户认知变量，由于农户对某项技术的了解程度能够在一定程度上反映其对该项技术的认知水平，因此书中将农户对节水灌溉技术的了解情况，即节水灌溉技术认知作为反映其技术认知的代理变量；（4）农户社会网络变量，用前文测算的社会网络总指数表征。表 8 - 2 为各类变量描述性统计表。

通过直接对比两种推广模式下的农户，笔者初步发现：与示范组农户相比，推广组中农户更为年轻，同时有更多的男性成员，平均受教育程度也更高一些，村干部或党员比例、种植规模、节水灌溉技术认知也高于示范组农户；示范组中农户的务农年限、

表 8 - 2 示范组和推广组农户经济特征变量统计描述

变量	变量描述	示范组 （样本量 = 94）		推广组 （样本量 = 218）		T 检验 （P 值）
		均值	标准误	均值	标准误	
年龄	被调查者实际年龄	51.858	0.568	50.191	0.683	0.088 *
性别	1 = 男；0 = 女	0.711	0.031	0.840	0.038	0.015 **
受教育程度	1 = 不识字或识字很少，2 = 小学，3 = 初中，4 = 高中（含中专），5 = 大专以上	2.702	0.068	3.043	0.097	0.005 ***
村干部或党员	1 = 是；0 = 否	0.028	0.011	0.160	0.038	0.000 ***
务农年限	被调查者实际务农年限	31.872	0.696	30.149	0.910	0.158
种植规模	家庭种植面积	18.046	0.808	21.207	2.110	0.088 *
务农人数	家庭从事农业生产人数	2.096	0.037	2.074	0.037	0.723
节水灌溉技术认知	1 = 很不了解，2 = 不了解，3 = 一般，4 = 了解，5 = 很了解	3.463	0.055	3.680	0.082	0.030 **
社会网络	农户社会网络总指数	2.328	44.170	2.004	35.638	0.096 *
种植收入占比	家庭年种植收入占总收入比重	0.800	0.017	0.820	0.202	0.490

注：***、**、* 分别表示 1%、5% 和 10% 的显著性水平。下同。

家庭务农人数和社会网络规模均高于推广组农户。进一步的均值比较与检验结果显示，受教育程度、村干部或党员的 T 检验结果在 1% 的水平显著，性别、节水灌溉技术认知的 T 检验结果在 5% 的水平显著，年龄、种植规模和社会网络的 T 检验结果在 10% 的水平显著，表明两组农户在上述方面具有统计学意义上的显著差别。种植收入占比在两组间未表现出显著性差异。这些差异可能导致农户灌溉用水效率的不同，也可能是政府技术推广模式存在差异的原因。由于推广组农户大多是政府选择的结果，他们本身可能在年龄、性别、受教育程度、村干部或党员等外部禀赋条件方面有别于其他农户。因此，这一均值检验结果也从一个侧面反映出，两组样本农户可能存在一定的选择性偏误问题。在后续的实证分析中，如果忽视这一样本选择性偏误问题，而直接对示范组和推广组农户进行比较或者回归分析，则可能会在很大程度上导致估计结果的偏误，进而误导研究结论。因此，为避免样本选择偏误问题，本章采用了倾向得分匹配方法，以消除或减小示范组和推广组农户之间的差异。

（三）研究方法

1. 灌溉用水效率的测算

此处农户灌溉用水利用效率的测算与第七章第三节中的测算方法一致，不再赘述。

2. 倾向得分匹配方法（PSM）

PSM 的基本思想是，在评估以上两种政府技术推广模式的推广效果时，无法得到接受村庄示范户推广的农户在接受政府直接技术推广时的状态，一个替代的方法是建立一个村庄有节水灌溉技术示范户推广的示范组农户和一个直接接受政府农业技术推广服务的推广组农户，使两组农户的特征在接受以上技术前尽可能地相似。然后，将示范组农户与推广组农户逐一进行匹配，从而尽可能地使来自两个不同样本组的配对农户仅在其所接受的推广形式方面有所不同，而其他方面的特征则保持相同或相似。然后，在此基础上比较示范户推广模式下农户与政府直接技术推广模式下农户之间的差异情况。最后，根据上述比较分析结果，确定不同的政府推广模式对农户灌溉用水效率的影响。采用这一方法的优点在于：通过倾向得分匹配，可以在最大限度上借助推广组农户来模拟示范组农户的"反事实情形"，从而尽可能地避免"选择性偏误"问题。

具体而言，首先要考虑示范组农户特征变量：

$$Pr(X_i) = Pr(D_i = 1 | X_i) \tag{8-1}$$

其中，X_i 表示示范组农户的可观测特征变量（包括年龄、受教育程度、种植规模、社会网络等因素）；假定政府在进行技术推广时采取的是随机抽取的形式，则使用二元 Probit 回归模型进行估计时，$Pr(D_i = 1 \mid X_i)$ 表示的是农户在条件 X_i 下接受节水灌溉技术示范网络推广模式的概率。则农户 i 的平均处理效果 ATT 可表示为：

$$ATT_i = E(Y_i^1 \mid D_i = 1) - E(Y_i^0 \mid D_i = 1) \qquad (8-2)$$

其中：

$$E(Y_i^1 \mid D_i = 1) = \frac{1}{N}\sum_i Y_i^1,$$

$$E(Y_i^0 \mid D_i = 1) = \frac{1}{N}\sum_i Y_0^1 = \frac{1}{N}\sum_i \sum_j W(i,j)(Y_0^j) \qquad (8-3)$$

因此，政府示范户网络推广模式对农户用水效率影响的平均处理效果 ATT 可写成：

$$
\begin{aligned}
ATT_i &= E(Y_i^1 \mid D_i = 1) - E(Y_i^0 \mid D_i = 1) \\
&= \frac{1}{N}\sum_i \left[(Y_i^1) - \sum_j W(i,j)(Y_j^0)\right] \qquad (8-4)
\end{aligned}
$$

其中，N 是示范组的农户数，Y_i^1 代表的是示范组中第 i 个农户的观测结果，Y_j^0 代表的是推广组中第 j 个农户的观测结果，$W(i,j)$ 表示示范组农户由政府直接进行技术推广时用水效率的权重。具体分析中，采用不同的匹配方法，权重函数的计算方法也会有所不同。在本章研究中，采用的是 Kernel 匹配法，权重函数的表达式为：

$$W(i,j) = \frac{G\left(\dfrac{P_j - P_i}{h}\right)}{\displaystyle\sum_{k \in J} G\left(\dfrac{P_k - P_i}{h}\right)} \qquad (8-5)$$

其中，$G(\cdot)$ 为 Kernel 函数，h 表示的是符合匹配范围的样本农户数量，P_i 表示匹配的示范组中第 i 个农户的倾向得分数，P_j 和 P_k 分别表示推广组中匹配范围内的第 j 个和第 k 个农户的倾向得分。

四 直接推广模式与嵌入社会网络示范户推广模式下的采用效果比较

（一）灌溉用水效率的估计结果

利用农户家庭农业生产的投入产出数据，通过 SFA 模型测算出农户灌溉用水效率，如表 8 – 3 所示。由表 8 – 3 可以看出，总样本农户灌溉水的平均利用效率为 0.723，67.31% 的农户灌溉用水效率在 0.4 ~ 0.8，在一定程度上反映了农户灌溉水利用效率不高且有较大的提升空间。同时，通过设立示范户进行节水灌溉技术推广的示范组农户灌溉用水效率相对较高，为 0.745，高于总样本水平；通过政府推广组织直接进行节水灌溉技术推广的推广组农户灌溉用水效率为 0.672，低于总样本水平。从估计结果可以看出接受以上两种节水灌溉技术推广模式的农户在灌溉用水效率方面存在差异。然而这种差异完全是技术推广模式不同造成的，还是部分由于样本选择性偏误或内生性问题引起的，本章通过进一步建立 PSM 模型进行实证检验。

表 8 – 3 农户灌溉用水效率估计结果

技术效率区间	总样本农户		推广组农户		示范组农户	
	频数	占比（%）	频数	占比（%）	频数	占比（%）
(0 ~ 0.2]	0	0.00	0	0.00	0	0.00
(0.2 ~ 0.4]	8	2.56	2	0.92	6	6.38
(0.4 ~ 0.6]	75	24.04	49	22.48	26	27.66
(0.6 ~ 0.8]	135	43.27	97	44.49	38	40.43

技术效率区间	总样本农户		推广组农户		示范组农户	
	频数	占比（%）	频数	占比（%）	频数	占比（%）
[0.8~1]	94	30.13	70	32.11	24	25.53
合计	312	100	218	100	94	100
效率均值	0.723		0.672		0.745	

（二）倾向得分匹配法的估计结果

在进行倾向得分匹配时，本章在控制了示范组和推广组农户的年龄、受教育程度、种植规模、技术认知、社会网络规模等9个变量后，首先使用 Probit 模型进行估计，以此计算示范组农户和推广组农户接受政府示范户网络推广模式的倾向得分，估计结果如表8-4所示。表8-4给出了回归系数、标准误和相应检验的 Z 值。从表8-4可以看出，年龄、受教育程度、村干部或党员、务农人数、社会网络规模均与农户是否为示范户网络推广模式有正向或负向显著关系。需要指出的是，此处参数估计仅用于之后倾向得分的计算，其显著关系只为接受政府不同推广方式的农户是否存在异质性提供参考，并不能如同一般 Probit 估计结果一样用来解释自变量与因变量之间的关系。

表8-4　倾向得分的 Probit 估计结果

变量	系数	标准误	Z 值
年龄	-0.452*	0.350	-1.690
性别	0.041	0.032	1.280
受教育程度	-0.261*	0.159	-1.650
村干部或党员	-2.013**	0.524	-3.840
务农年限	-0.024	0.026	-0.930
种植规模	-0.067	0.291	-0.230

续表

变量	系数	标准误	Z 值
务农人数	− 0.015 *	0.009	− 1.690
技术认知	− 0.157	0.176	− 0.890
社会网络规模	− 0.005 *	0.003	− 1.910
常数项	0.116	0.607	0.190
Log Likelihood	1.837	1.545	1.190

根据示范组和推广组中每个农户的倾向得分值，采用既定的核匹配法进行组间匹配，从而揭示两组农户灌溉用水效率之间的差异，表 8 - 5 为倾向得分匹配的估计结果。匹配前，示范组和推广组农户的平均灌溉用水效率分别为 0.746 和 0.672，通过政府在村庄设置节水示范户进行推广的农户灌溉用水效率比政府直接进行技术推广的农户高出 0.074，且两组差异在 1% 的水平显著。经过匹配后，示范组和推广组的灌溉用水效率分别为 0.746 和 0.662，两者相差 0.084。这说明在考虑了农业技术推广服务的选择性偏误和内生性问题后，示范组与推广组之间的灌溉用水效率差距变大，由此反映出忽视政府节水灌溉技术推广选择性偏误导致的异质性问题及样本本身的内生性问题将会造成直接推广模式效果的高估。政府在进行节水灌溉技术推广服务时可能倾向性地选择某些特征较为明显或者素质较高、能力较强的农户进行直接推广，而设置示范户时往往考虑村庄内在的社会资本与风气，示范户往往在本村有着丰富的人脉网络和声望，接受推广的农户往往社会网络较为丰富，这些都造成了两组农户特征的异质性，进而导致用水效率方面出现差异。因此，通过 PSM 方法匹配后示范组和推广组农户间的用水效率估计会更为精准。为验证不同农业技术推广模式对灌溉用水效率效应的准确性，本章进一步采用了半径匹配法和最近相邻匹配法对两组样本进行了匹配，具体结果如表 8 - 5 所示。从表 8 - 5 中可以看出，倾向值匹配的核匹配、

半径匹配和最近邻匹配三种方法得到的结果相差不大，一致性较高，这足以说明本章研究结果具有一定稳健性，由此得到的研究结论不会因匹配方法的改变而发生变化。

表 8 – 5　倾向得分匹配估计结果

匹配方法		示范组	推广组	ATT 值	T 值
核匹配法	匹配前	0.746	0.672	0.074	3.99 ***
	匹配后	0.746	0.662	0.084	3.79 ***
半径匹配法	匹配前	0.746	0.672	0.074	3.99 ***
	匹配后	0.745	0.649	0.095	4.15 ***
最近相邻匹配法	匹配前	0.746	0.672	0.074	3.99 ***
	匹配后	0.746	0.625	0.121	4.42 ***

（三）平衡性检验

为使倾向匹配结果更具有可靠性和说服力，必须满足"条件独立性假设"，即要求示范组农户和推广组农户不会因为接受政府农业技术推广服务而导致匹配变量发生明显变化。如果接受政府推广服务本身就会对匹配变量造成显著影响，使其在农户接受推广前后发生明显变化，则很可能会使倾向值匹配的估计结果趋于无效。当然，这主要是因为最初的匹配变量选用不当。针对示范组和推广组中各匹配变量的标准偏误进行平衡性检验，结果如表 8 – 6 所示。鉴于目前用于评判倾向值匹配估计是否有效的标准偏误阈值仍无统一标准（邵敏，2012），但一般情况下认为，如果匹配变量的标准偏误绝对值小于20%，则说明倾向值匹配估计结果相对可靠（Rosenbaum and Rubin，1985）。从表 8 – 6 可以看出，匹配后的标准偏误均小于20%，表明匹配结果良好。同时，从 T 值可以看出，所研究变量在匹配前示范组和推广组均有显著的差异，匹配后两组的差异在统计上均不显著，即匹配后示范组和推广组中的各变量均不存在显著性差异。由此可见，通过对示范组和推广组农户进行倾向得分匹配，两组农户之间的个体差异基本上得以消除，并通过了平衡性检验。

表8-6 示范组和推广组的平衡性检验结果

变量	样本	均值		标准偏误（%）	标准偏误绝对值减少（%）	T值	P值
		示范组	推广组				
年龄	匹配前	51.858	50.191	22.1	29.9	1.71	0.088 *
	匹配后	51.670	50.502	15.5		1.63	0.104
性别	匹配前	0.711	0.840	-31.3	100	-2.44	0.015 **
	匹配后	0.721	0.721	0.0		0.00	1.000
受教育年限	匹配前	2.702	3.043	-35.1	100	-2.81	0.005 ***
	匹配后	2.726	2.726	0.0		0.00	1.000
村干部或党员	匹配前	0.028	0.160	-46.3	100	-4.39	0.000 ***
	匹配后	0.028	0.028	0.0		0.00	1.000
务农年限	匹配前	31.872	30.149	18.0	21.2	1.42	0.158
	匹配后	31.688	30.330	14.2		1.52	0.129
种植规模	匹配前	18.046	21.207	-18.9	84.8	-1.71	0.089 *
	匹配后	18.159	17.677	2.9		-0.40	0.689
务农人数	匹配前	2.096	2.075	4.7	36.2	0.35	0.723
	匹配后	2.064	2.079	3.0		0.31	0.757
技术认知	匹配前	3.463	3.681	-27.1	74.3	-2.18	0.030 *
	匹配后	3.484	3.540	-6.9		-0.72	0.472
社会网络规模	匹配前	56.115	65.404	-19.3	43.8	-1.67	0.096 *
	匹配后	56.795	51.572	10.9		1.36	0.175

五 本章小结

本章基于农户调查数据，在借助倾向得分匹配法消除样本选择性偏误的基础上，实证分析了政府直接推广模式和嵌入社会网络示范户推广模式对农户灌溉用水效率的影响，得出如下结论。第一，随机前沿函数估计表明总样本农户灌溉水的平均利用效率为0.723，67.31%的农户灌溉用水效率在0.4~0.8，一定程度上反映了虽然政府在节水灌溉技术推广方面做了很大努力，投入了大量人力、财力和物力，但农户节水灌溉效率仍处于较低水平，具有较大提升空间。第二，示范组农户灌溉用水效率为0.745，推广组农户灌溉用水效率为0.672，不同节水灌溉技术推广模式下农户灌溉用水效率存在一定差异。第三，示范组和推广组农户在年龄、受教育程度、种植规模、技术认知和社会网络规模等9个特征变量方面具有显著差异，这表明政府进行节水灌溉技术推广时具有一定的选择性，由政府直接进行推广的农户更为年轻，多为男性。受教育程度较高，种植规模大，其中村干部和党员比例更大，而示范组农户的平均务农年限更长，节水灌溉技术认知较高，农户社会网络规模相对较大，由此可见示范户推广模式下节水灌溉往往更倾向于社会网络丰富的农户。第四，在考虑了样本自选择和内生性问题后，使用PSM方法估计发现示范组农户用水效率为0.746，推广组农户用水效率为0.662，两组农户用水效率之间的差异变大，这表明节水示范户在技术推广过程中起到了促进作用，社会网络作为一种非正式组织，可以内嵌于政府推广服务正式组织中发挥更大作用。因此，政府在进行农业技术推广时，应充分发挥农户社会网络的作用，例如可以通过对村庄核心成员和示范户进行推广等方式提高技术推广效率。

第九章

研究结论与政策建议

本研究基于社会网络与农业技术推广服务联立视角，重点探讨了两种不同信息获取渠道对农户节水灌溉技术采用的影响效应。第四章对社会网络和农业技术推广服务两种渠道进行测度与特征分析，并结合农户节水灌溉技术采用行为进行描述性统计分析；第五、六、七、八章则按照技术信息获取→技术采用决策→技术采用行为→技术采用效果的思路展开，并分别从理论和实证层面分析了社会网络与农业技术推广服务两种信息获取渠道对农户节水灌溉技术采用的影响与路径。在对前文研究结论进行总结的基础上，本章将有针对性地提出促进农户节水灌溉技术采用、优化现有农业技术推广模式的政策建议。

一 研究结论

本研究依据农户技术采用理论、社会网络理论、农业技术推广理论等多种理论的指导，在系统地综述国内外相关研究成果的基础上，基于甘肃省 1014 户农户实地调研数据及资料，引入社会网络与农业技术推广服务两个核心变量，在阐明社会网络与农业技术推广服务两种信息获取渠道对农户节水灌溉技术各采用阶段影响机理的基础上，通过多种计量经济模型与分析方法的运用实证分析了两种渠道的影响程度，并进一步探索了差异化的技术推广模式，提出优化农业技术推广方式、促进节水灌溉技术扩散的政策建议。根据本书理论研究与实证分析的结果，本研究得出的主要结论如下。

（一）农户节水灌溉技术采用特征

1. 农户对水资源稀缺性及节水灌溉技术的认知特征

调研数据显示，样本区域内农户普遍对水资源具有较为强烈的稀缺性感知，65.58%的农户认为农业灌溉水资源存在不足情况，同时高达65%的农户认为水价较贵。在节水灌溉技术认知方面，绝大多数农户能够对节水灌溉技术的具体功能有所认识，有超过60%的农户认为节水灌溉技术实施起来较为方便，有54%的农户认为节水灌溉技术效果良好，但仍有近一半的农户认为节水灌溉技术采用效果一般或不尽如人意；大部分农户对节水灌溉技术采用持积极态度，但大约31%的农户在节水灌溉技术采用上持观望或是抵触态度。农户不愿采用节水灌溉技术的原因主要因为家庭耕地过于分散，不利于节水灌溉技术的实施，其次为农户认为节水灌溉技术效果差或是实施较为麻烦，农户无力支付采用材料费用及一些其他原因。

2. 农户节水灌溉技术采用行为特征

目前调查样本中有214户农户灌溉方式为大水漫灌，800户农户采用了节水灌溉技术，其中562户农户采用了膜下滴灌技术，238户农户采用了低压管灌技术。大约50%的样本农户节水灌溉技术采用率低于家庭耕地面积的60%，采用率在0.4~0.6的区间内采用人数最多，其次为采用率在0.2~0.4的农户。66.50%的样本农户表示未来不会改变目前的节水灌溉技术采用行为，仅有131户农户表示未来会增加节水灌溉技术采用面积，原因包括节水灌溉技术采用较为方便，能够节约灌溉用水和劳动力等方面。此外，有 68 户农户表示未来会减少节水灌溉技术采用面积，26 户农户表示未来不会再使用节水灌溉技术，这部分农户主要是因为种植规模较小、土地过于分散、种植作物不适合，以及节水灌溉技术效果较差等原因从而减少或放弃采用节水灌溉技术。

（二）农户社会网络与政府推广服务的特征

1. 农户社会网络的内涵与特征

在社会网络的测度指标体系构建方面，本书分别从网络的互动程度、亲密程度、互惠程度和信任程度 4 个维度选取了评价指标，具有较好的系统性和科学性，同时也能够较好地兼容于本书实证分析中所采用的因子分析法。从调研数据的统计结果来看，农户整体的社会网络状况相对较好，在上述 4 个维度中，网络信任程度最高，其次是网络互惠程度和网络亲密程度，最后则是网络互动程度。此外，通过对比已经采用过节水灌溉技术的农户和未采用过的农户的社会网络状况发现，未采用节水灌溉技术农户的社会网络总指数和各指标均低于技术采用户。其中，除了两组农户在网络信任程度方面相差不大以外，在网络互动、网络亲密和网络互惠上，技术采用户各指标均值均明显高于未采用户均值。

2. 政府节水灌溉技术推广服务特征

69.62% 的样本农户接受过技术推广服务，平均接受推广服务的次数为 1.3645 次，农户平均接受推广服务的形式有 1.6754 种，由此可见节水灌溉技术推广服务强度有待提高，技术推广服务形式缺乏多元化。农户感知的政府推广强度均值为 2.3651，低于一般水平，推广质量的均值为 3.4132，推广水平均值为 3.5365，推广态度的均值为 3.2123，推广服务的质量、推广人员的水平和态度略高于一般水平，但仍有较大的提升空间。通过对比节水灌溉技术采用户和未采用户对推广服务的评价发现，在推广强度、推广质量、推广水平和推广态度 4 个方面，技术采用户对推广服务的评价均高于未采用户，其中在推广强度和推广质量两个方面两组的差距相对较大。

（三）社会网络与农业技术推广服务对农户节水灌溉技术采用的影响

1. 农户节水灌溉技术信息获取渠道

样本农户获取农业技术信息的渠道相对单一，93.39% 的农户获取节水灌溉技术信息的渠道只有两种，社会网络渠道是 46.94% 的农户获取技术信息的主要渠道，36.98% 的农户选择政府推广渠道，而将媒体渠道作为技术信息获取主要渠道的农户相对较少。性别、农业劳动力数量、合作社、技术示范、互惠程度、与集市距离等变量对农户农业技术信息获取渠道的种类有显著的正向影响，年龄、农业收入占比、与车站距离和与农技站距离等变量对农户信息获取渠道的种类的负向影响较为显著。总体而言，社会网络和农业技术推广服务是农户获取技术信息的两种主要渠道，且不同特征的农户对不同农业技术信息获取渠道的依赖程度不同。

2. 社会网络与农业技术推广服务对农户技术采用决策的影响

社会网络、农业技术推广服务及其交互作用可以促进农户节水灌溉技术采用，具体表现在农户接受政府推广服务的次数、形式以及社会网络中 4 个维度均对农户节水灌溉技术采用具有显著正向影响；推广强度和推广形式分别与网络互动、网络信任的交互项系数显著为正，且与不含交互项时相比，推广强度、推广形式、网络互动和网络信任的回归系数更大。对于不同经营规模的农户，推广强度和网络互动及其交互作用可以促进小规模农户和中等规模农户节水灌溉技术采用；推广强度可以和网络信任共同促进小规模农户的节水灌溉技术采用；推广形式可以和网络信任共同促进小规模农户和中等规模农户的节水灌溉技术采用。对于不同风险偏好的农户，推广强度和网络互动的交互效应仅在高风险农户中存在；推广形式与网络互动交互效应仅在中等风险农户中存在；推广强度、推广形式与网络信任的交互作用仅在高风险农户中存在。

3. 社会网络与农业技术推广服务对农户节水灌溉技术实际采用行为的影响

作为农户获取节水灌溉技术信息的两种主要渠道，社会网络和农业技术推广服务对农户节水灌溉技术采用的促进作用较为显著。从影响路径系数来看，社会网络这一信息获取渠道对农户节水灌溉技术采用的影响大于农业技术推广服务的作用，表明社会网络作为一种非正式的关系网络，在农户节水灌溉技术采用过程中发挥着相对而言更为重要的促进作用。与此同时，本书研究还发现，两种不同的信息获取渠道之间也存在一定的影响关系，即社会网络对农业技术推广服务也有显著的正向影响，表明社会网络丰富的农户能够获得的技术推广服务相对来说更多，从而能够对节水灌溉技术采用效果产生一定的间接促进作用。概括来说，社会网络这一信息获取渠道对农户节水灌溉技术采用的促进作用可以分为两类，即"直接效应"和"间接效应"。其中，直接效应表现在社会网络丰富的农户更容易通过技术交流和互动获取技术信息，从而促进技术采用；间接效应则表现在农户社会网络可以通过影响农业技术推广服务效果而影响其节水灌溉技术采用行为。

4. 农户节水灌溉技术采用过程中的学习效应

学习效应具体表现为两方面。一方面，农户节水灌溉技术采用过程中存在干中学效应，具体表现为农户技术采用年限对节水灌溉技术采用效果和未来增加采用面积的意愿有显著正向影响，农户技术采用年限每提高 1 个单位，其节水灌溉技术采用效果提高 0.006 个单位，未来增加采用面积的意愿提高 0.013 个单位。另一方面，农户节水灌溉技术采用过程中还存在社会学习效应，具体表现在农户交流频繁程度对其技术采用效果具有显著正向影响，交流频繁程度每增加 1 个单位，技术采用效果提高 0.031 个单位；农户交流频繁程度和政府技术推广次数对农户未来增加技术采用面积的意愿具有显著正向影响，交流频繁程度和政府推广次数每提高 1 个单位，农户未来增加采用面积的意愿分别可以提高 0.031 个单位和 0.091 个单位。与农户干中学相比，通过亲情网络交流和组织网络的社会学习对农户节水灌溉技术采用效果和未来增加采用面积意愿的影响更大。

5. 不同推广服务模式下的节水灌溉技术采用效果评价

第一，样本农户灌溉水的平均利用效率为 0.723，67.31% 的农户灌溉用水效率在 0.4~0.8，一定程度上反映出虽然政府在节水灌溉技术推广方面做了很大努力，投入了大量人力、财力和物力，但农户节水灌溉效率仍处于较低水平，具有较大提升空间。第二，示范组农户灌溉用水效率为 0.745，推广组农户灌溉用水效率为 0.672，不同节水灌溉技术推广模式下农户灌溉用水效率存在一定差异。第三，示范组和推广组农户在性别、年龄、受教育程度、村干部或党员、务农年限、技术认知和社会网络规模方面有显著差异，这表明政府进行节水灌溉技术推广时具有一定的选择性，由政府直接进行推广的农户更为年轻，多为男性，受教育程度较高，种植规模大，其中村干部和党员比例更大，而示范组农户的平均务农年限更长，节水灌溉技术认知较高，农户社会网络规模相对较大，由此可见示范户在村庄进行技术推广时也具有一定的选择倾向。第四，在考虑了样本自选择和内生性问题后，使用 PSM 方法估计发现示范组农户灌溉用水效率为 0.746，推广组农户灌溉用水效率为 0.662，两组农户灌溉用水效率之间的差异变大，这表明节水示范户在技术推广过程中起到了促进作用，社会网络作为一种非正式组织，可以内嵌于政府推广服务正式组织中发挥更大作用。

（四）其他因素对农户节水灌溉技术采用的影响

除社会网络与农业技术推广服务以外，还有诸多其他因素对农户节水灌溉技术采用产生显著影响，例如，年龄、性别、农业劳动力数量、农业收入占比、合作社、家庭与集市和车站的距离等变量对农户节水灌溉技术信息获取渠道有显著影响；对农户而言，节水灌溉技术采用是一项重要的生产决策，农户做出决策时往往基于多方面因素的考虑，性别、受教育程度、农业劳动力占比、水价感知对农户节水灌溉技术采用决策有重要影响；同时，内在认知与外部环境的改变均会对农户节水灌溉技术的实际采用行为产生影响；性别、农业劳动力数量、耕地破碎化程度和居住位置对农户节水灌溉技术采用效果有显著影响；受教育程度、农业劳动力占比和外部环境特征会影响农户未来节水灌溉技术采用面积的调整。

二　政策建议

（一）拓宽信息获取渠道，完善信息传播机制

1. 加强农户技术培训，提高农户信息获取能力

作为节水灌溉技术采用的主体，农户自身文化水平和技术认知是制约其技术采用的关键因素。建议加大对农民的再教育和培训投入，举办针对农民的免费农业科技培训，提高农户文化水平和科技素养，培养农户对新型农业技术的学习能力和创新意识，提升农户信息获取能力。

2. 增加多种形式的技术信息供给，拓宽农户信息获取渠道

有限的信息渠道会阻碍农户节水灌溉技术采用，因此政府及农业推广部门要积极拓宽农户农业技术信息获取渠道，根据农户时间需求为其提供多种形式的技术信息服务。例如，可以通过大

力扶持专业协会和农业专业合作社等农村中介组织，进而增加农户获取农业技术信息的多种渠道。此外，应该充分利用媒体的信息传播作用，使农户接收到的农业技术信息更专业和权威，从而增强农户对媒体发布信息的信任程度，同时加强对新型媒体如移动通信、互联网的利用程度，提供更为实用、覆盖面更广的农业技术信息。

3. 完善信息传播机制建设，实现农户社会网络与农业技术推广服务有效联结

在技术信息传播过程中，政府部门应该完善信息传播机制，充分利用两种渠道的互补或替代作用，使两种渠道有效联结，实现农户与推广部门技术信息传播顺畅与互动交流。同时，政府还应优化农村信息传播环境，加强信息服务人员队伍建设，使农业技术信息能够迅速有效地传播到广大偏远农村地区。

（二）注重社会网络建设与培育，加强农户互动信任

1. 完善农村基础设施，创造社会网络发展条件

通过完善农村社区内的相关基础设施条件，能够为农户间的相互交流与合作提供合适的环境与平台，从而有助于社会网络的发展。因此，政府部门应当加大对农村基层设施的投资力度，建立完备、实用的农村基础设施以及配套措施，如多元化的供给主体、完善的经营管理体制、创新性的金融投资服务体系等，从而提升农村地区基础设施的供给水平与使用效率。

2. 培育农村基层社区组织，加强农户间的互动交流

作为农户参加集体活动的载体，农村社区组织为农户间进行交流、互动和学习提供了良好的平台。首先，政府应重视农村协会、农业合作社等组织的发展，通过社区组织活动提高农户参与率，例如一事一议、乡村自治等。其次，政府部门应该认可农民组织的合法地位，如通过立法形式。最后，政府应在制度上对农

民组织给予保障，如金融支持和人才优惠政策等。

3. 营造良好的社会风气，加强农户间的互惠信任

一方面，鼓励和提倡农户与亲朋、邻里之间进行技术采用经验的交流，以及农业生产过程中的相互合作，从而提高农户间互惠互利程度；另一方面，要积极组织和开展多种形式的农村社区文娱活动，丰富和活跃农民群众精神文化生活，从而繁荣农村文化、加深农户感情，为提高农户间的信任程度提供条件。同时，政府还需要进行精神文明建设和诚信意识的宣传，帮助农户形成社会主义诚信观，提高农民素质。

（三）完善政府农业技术推广服务体系，制定差异化推广策略

1. 完善政府农业技术推广服务体系

目前，政府农业技术推广服务仍然是农村居民获取节水灌溉技术服务信息的主要渠道之一，在促进我国农业新技术的扩散方面发挥着重要作用。因此，进一步完善和强化基层政府农技推广服务体系建设，对于技术推广服务效率的提升将具有重要意义。因此，未来需要在准确定位推广服务具体功能的基础上，改革和完善现有服务体系，不断探索具有创新性的技术服务机制，从而形成新的政府农业技术推广服务思路，建立以农户需求为中心的政府农业技术推广服务体系。具体来看，一方面，要进一步加强农技推广服务方面的人才建设，不断壮大农技推广服务队伍，提高推广服务人员专业素质；另一方面，要提高推广服务的覆盖率，使农技推广人员与尽可能多的农户衔接；三是应该加快高效节水灌溉技术的研发、推广与示范。

2. 创新政府农业技术推广服务方式

当前我国农业推广方式较为单一，主要在政府政策指令下进行项目推广，农户往往处于被动状态，参与度较低，这也是导致

农户技术需求不被重视、政府农业技术推广服务效率低下的根本原因。目前,随着科技的不断发展和信息技术手段的不断丰富,越来越多的推广方式可以被利用,农技推广部门应综合运用多种方式,如田间示范、组织培训、提供咨询,或者利用书籍、电视、广播等传统媒体和移动通信、互联网等新兴媒体直接或间接向农户进行技术传播。此外,政府应该推动技术推广服务的市场化建设,提供更多多元化、开放性且能够满足农户需求的技术推广服务。

3. 差异化节水灌溉技术推广策略

根据本书实证分析结果,在不同的节水灌溉技术采用阶段,农业技术推广服务对农户技术采用的影响效应存在显著差异。因此,未来技术推广政策的制定也应该考虑农户技术采用的阶段性特征,从而制定差异化的技术推广策略。比如说,在技术采用的初始阶段,农户对新技术的认识和了解往往相对较少,技术认知水平较低,所以此阶段的推广服务应着重在宣传、介绍等方面;在技术采用中期,在经历了一段时间的技术采用后,农户获取了一定技术认知和采用经验,但期间也会出现问题和阻碍,因此推广服务在这一时期应该注重向农户提供咨询服务、疑难解答等方面,从而提高农户技术采用效果;在技术采用后期,农户可能存在维修、后期投资等现实问题,推广服务应重点考虑农户后期采用中的问题,为农户持续技术采用提供服务。同时,对不同特征的农户可采取差异化的推广模式,例如,对于小规模农户和中等规模农户,政府应提高技术推广强度,扩展政府技术推广范围,鼓励其参与多种形式的技术推广服务,对于大规模组农户,政府可创新技术推广形式,注重推广态度和推广质量。对于风险承受能力低的农户,应充分降低其对技术采用的不确定性,增强农户技术认知。

（四）创新推广模式，注重农业技术推广服务与农户社会网络融合

1. 培育和发展农村精英农户队伍，建立节水灌溉技术示范户

社会网络作为一种非正式的关系网络，内嵌于政府推广服务正式组织中，可发挥更大的作用。据此建议，充分发挥节水灌溉技术推广过程中农户社会网络的带动作用，例如，可以借助精英农户、种植大户和示范户的示范与带动效应提升推广效果，鼓励村民间的交流、互助与学习。例如，可以通过加大教育培训力度，增强种植大户、精英农户的文化水平和科技素养，提高其参与技术推广与示范的积极性与贡献意愿；此外，通过引进人才政策，补充农村科技人员，并制定相关的制度来规范和大力发展农村精英队伍建设。

2. 将节水灌溉技术推广与提高农民组织化程度结合起来

较多种植规模小、居住分散农户的存在，直接导致了节水灌溉推广过程中交易成本较高、推广效果较差等问题，可以通过提高农户的组织化程度来解决这一难题。例如，利用农民合作组织的桥梁作用，将农业技术推广部门和农户连接在一起，在保障农户较容易获得农业新技术的同时，也考虑了农户的主观意愿，不仅有效地减少了推广成本和交易成本，也保障了技术的适用性和可接受性，提高了推广效果。

3. 建立以农户为主体的技术传导机制

农户是节水灌溉技术推广服务的直接作用对象，也是技术采用的根本利益相关者，在技术扩散过程中起着最为关键的作用。但目前来看，我国农业技术推广多是由政府主导的，容易忽视农户主观需求和行为，农户只能被动接受技术。因此在推广过程中应重视利用农户的技术传播能力，将农户对技术的理解、需求以及反馈的意见与推广服务联系起来，改变供需差距，改变农户的

被动采用局面，提高农户对技术的认可程度，促进节水灌溉技术可持续采用。

（五）注重保障措施配套，营造良好技术采用环境

1. 加快农村土地流转与平整工作，实现节水灌溉技术采用规模效益

节水灌溉技术的采用具有规模效应，政府应对耕地进行平整和整合，创新土地承包经营方式，充分发挥土地经营的规模效益。如国土资源部门应积极协调水利部门通过土地整合项目消除土地细碎化现象，将小块土地增合成大规模条田，并通过土地平整工作，推动节水灌溉技术向规模化、集约化经营方式转变。政府可以依托水利建设项目将分散的土地向家庭农场、专业大户或合作社等新型经营方式集中，从而为节水灌溉技术和新型经营主体融合发展提供有利的外部条件。此外，政府可以加大对规模经营户的支持力度，对土地流转或互换的农户进行补贴和奖励，培育种植大户；同时完善土地流转机制，创新多样化的流转制度和方式，鼓励农户向规模化经营发展。

2. 加大政府技术支持力度，完善政府保障激励政策

对采用节水灌溉技术的农户政府应当提供一定的资金补贴和政策支持，不仅要涉及技术采用初期的工程建设投入（特别是一些高效节水灌溉技术的实施，如滴灌、喷灌等），同时还要考虑到农户后期技术采用过程中所需承担的运管成本及维护成本等。只有在保证农户节水灌溉技术采用过程中利益不受损的情况下，才能有效提升其技术采用的积极性。基于此，相关政府部门可以根据农户技术采用不同阶段所需承担的成本与费用，从而制定差别化的补贴或支持政策。例如，在节水灌溉技术实施的初期，可以为农户提供低息贷款、贴息贷款等农业贷款措施；在技术推广的中期可为农户提供技术设备补贴、资源补贴等补贴措施，从而

提高农户采用积极性和技术采用率；同时，技术推广部门应在技术采用中期提供技术指导、疑难解答等咨询服务，以便农户高效地采用节水灌溉技术。此外，节水灌溉技术工程投资巨大，仅靠地方政府和农户自身难以完成，中央政府和各级地方政府还应建立健全技术补偿机制，实行多种形式的补偿，扩大节水灌溉技术使用的农机购置补贴范围，激励农户技术采用。

3. 建立政策激励机制，鼓励农户参与技术管理

农户节水灌溉技术采用不仅要涉及产前、产中等过程，产后的管理和维护工作也至关重要。农户参与节水灌溉技术管理可以降低工程成本和减少维护费用，提高技术管理效率。政府应该建立政策激励机制，鼓励农户对节水灌溉技术工程自觉进行维护与更新，保障技术后期的应用。此外，激励农户参与节水灌溉技术工程的管理，让农户或用水者协会成员承担一部分田间管理和维护工作，既可以减少灌区维护成本、减轻农户负担，又可以提高管理效率。

4. 健全法律制度，构建良好的农村用水环境

国家应制定和完善农业节水相关的法律法规，规范用水行为，地方相关部门应该按照有关法律条文整顿和治理水资源浪费行为，规范农业节水措施，增强农户节约用水意识。合理的水价收取标准不仅可以满足农户用水需求，又在农户可接受范围内，同时也会抑制灌溉水浪费现象，因此政府应制定合理的水价政策。此外，农业合作社、用水者协会等农业相关组织在传达国家农业用水政策、防止农户间用水纠纷、减少偷水现象等方面发挥着重要作用，从制度和观念两个方面帮助农户提高节水意识，促进节水灌溉技术的推广与扩散。

基于社会网络与农业技术推广服务的双重视角，本书对农户节水灌溉技术采用行为进行深入分析，得出了一系列研究结论，并据此提出了建设性的建议，具有一定的现实和理论意义。但受

个人时间和能力的限制，本书仍存在一些不足，有待未来研究发掘和完善。

第一，未来研究应更加重视样本的选择与代表性问题。研究技术采用户的个体行为需要大量样本，从理论上讲，调研区域和样本的选择要具有一定的代表性。但由于目前我国农户节水灌溉技术采用率较低，且农户居住较为分散，受人力、财力、物力还有时间投入的限制，本研究仅选取了甘肃省民勤县和甘州区为调查区域，实属遗憾。这两个区县均位于大型灌区，为我国西部地区有名的节水灌溉技术推广示范县，相较于其他地区技术采用户居住相对集中，这相对减轻了本书实地调研和数据获取过程中的压力。此外，本研究中将节水灌溉技术采用划分为不同的采用阶段，但仅使用了农户截面数据和部分历史数据进行研究，缺乏对农户长期的跟踪调查，无法深入研究技术扩散等方面的问题。在进一步的研究中，或可致力于完善实地调研方案、建立更多的固定观测点，在进行长期跟踪调查的基础上形成政府技术推广情况与农户节水灌溉技术采用的数据库，从而为农户节水灌溉技术采用行为的深入解析，提供更加丰富的基础数据资料。

第二，未来研究应更加注重完善分析框架。节水灌溉技术的推广和采用与地区的社会、经济、自然条件、人文观念等因素可能相关，本研究建立的分析框架难免存在欠缺，一些因素可能没有考虑在内，研究有待进一步深入与完善。例如，由于节水灌溉技术工程实施过程较为复杂，投资较大，且具有较强的外部效益，目前节水灌溉技术实施过程中大多设备由政府投资，农户在技术采用过程中投资较少，鉴于一定区域内农户技术采用的成本收益同质性较高，本研究仅从外部影响因素出发，基于农户社会网络和政府推广的视角，探究农户异质性因素对节水灌溉技术采用的影响。在下一步研究中，可以考虑纳入技术采用外部效益和政府技术补偿等因素对农户技术采用的影响。

第三，未来研究要更加注重研究方法的规范性。目前学者关于社会网络在经济学的测度方法仍未形成统一，现有研究中多选取 1~2 个代理变量对社会网络进行表征，但单一指标无法全面解释其内涵，本研究虽通过因子分析法构建社会网络的表征指标体系，但对于社会网络结构研究明显不足。相较于社会学中的社会网络分析方法，本研究得出的研究结论可能存在一定局限性。因此，在下一步研究中，应考虑学科交叉的一些研究方法进行研究，并验证研究结论的稳健性。此外，实证研究中，受样本数据限制，本书往往对一些主要变量选取多个表征指标进行实证分析，以验证结论的稳健性，仅在少数章节做了稳健性检验，这也是值得改进的地方。最后，虽然本书重点考察了社会网络与农业技术推广服务两种信息获取渠道对农户节水灌溉技术采用效果的影响，但并未对节水灌溉技术采用后的反馈作用做更进一步研究，这是后续研究中笔者需要继续探索的重点。

此外，未来研究可以关注社会网络与农业技术推广服务在其他农业新科技采用中的影响作用，探讨社会网络内嵌与政府推广组织的推广模式是否同样适用于其他农业新技术普及与推广，这对于探索新型农业技术推广模式，创新我国农业技术推广制度具有重要的实践意义，也是笔者下一步可能的研究方向之一。

▶ 参考文献

边燕杰，2004，《城市居民社会资本的来源及作用：网络观点与调查发现》，《中国社会科学》第 3 期。

边燕杰、张文宏，2001，《经济体制、社会网络与职业流动》，《中国社会科学》第 2 期。

蔡荣、蔡书凯，2013，《农田灌溉设施建设的农户参与意愿及其影响因素——以安徽省巢湖市 740 户稻农为例》，《资源科学》第 8 期。

曹建民、胡瑞法、黄季焜，2005，《技术推广与农民对新技术的修正采用：农民参与技术培训和采用新技术的意愿及其影响因素分析》，《中国软科学》第 6 期。

陈海、王涛、梁小英、高海东，2009，《基于 MAS 的农户土地利用模型构建与模拟——以陕西省米脂县孟岔村为例》，《地理学报》第 12 期。

陈辉、赵晓峰、张正新，2016，《农业技术推广的"嵌入性"发展模式》，《西北农林科技大学学报》（社会科学版）第 1 期。

陈祺琪、张俊飚、程琳琳、李兆亮，2016，《农业科技资源配置能力区域差异分析及驱动因子分解》，《科研管理》第 3 期。

陈新忠、李芳芳，2014，《我国农业技术推广的研究回溯与展望》，《华中农业大学学报》（社会科学版）第 5 期。

陈钊、陆铭、佐藤宏，2009，《谁进入了高收入行业？——关系、户籍与生产率的作用》，《经济研究》第 10 期。

程曼丽，2006，《国际传播学教》，北京大学出版社。

储成兵、李平，2014，《农户病虫害综合防治技术采纳意愿实证分析——以安徽省 402 个农户的调查数据为例》，《财贸研究》第 3 期。

褚彩虹、冯淑怡、张蔚文，2012，《农户采用环境友好型农业技术行为的实证分析——以有机肥与测土配方施肥技术为例》，《中国农村经济》第 3 期。

单昆，2010，《基于农户视角的农业技术服务有效性研究》，山东农业大学硕士学位论文。

董璐，2008，《传播学核心理论与概念》，北京大学出版社。

董智玉，2007，《我国政府农业技术推广投资之初探》，《内蒙古农业大学学报》（社会科学版）第 3 期。

方松海、孔祥智，2005，《农户禀赋对保护地生产技术采纳的影响分析——以陕西、四川和宁夏为例》，《农业技术经济》第 3 期。

费孝通，1948，《乡土中国》，生活·读书·新知三联书店。

付秋华，2010，《节水灌溉的类型及其应用效果》，《吉林蔬菜》第 2 期。

付少平，2004，《农民采用农业技术制约于哪些因素》，《经济论坛》第 1 期。

高静、贺昌政，2015，《信息能力影响农户创业机会识别——基于 456 份调研问卷的分析》，《软科学》第 3 期。

高启杰、姚云浩、董杲，2015，《合作农业推广模式选择的影响因素分析——基于组织邻近性的视角》，《农业经济问题》第 3 期。

高强、孔祥智，2013，《我国农业社会化服务体系演进轨迹与政策匹配：1978～2013 年》，《改革》第 4 期。

高升，2011，《农户参加培训决策行为的影响因素——基于湖南 1040 户农户的调查》，《湖南农业大学学报》（社会科学版）第 4 期。

耿献辉、张晓恒、宋玉兰，2014，《农业灌溉用水效率及其影响因素实证分析——基于随机前沿生产函数和新疆棉农调研数据》，《自然资源学报》第 6 期。

顾焕章、张景顺，1997，《完善农业科技成果转化的供求机制》，《农业技术经济》第 2 期。

郭格、陆迁、李玉贝，2017，《外部冲击、社会网络对农户节水灌溉技术采用的影响——基于甘肃张掖的调查数据》，《干旱区资源与环境》第 12 期。

郭云南、姚洋，2013，《宗族网络与农村劳动力流动》，《管理世界》第 3 期。

郭云南、张晋华、黄夏岚，2015，《社会网络的概念、测度及其影响：一个文献综述》，《浙江社会科学》第 2 期。

郭云南、张琳弋、姚洋，2013，《宗族网络、融资与农民自主创业》，《金融研究》第 9 期。

国亮、侯军岐，2012，《影响农户采纳节水灌溉技术行为的实证研究》，《开发研究》第 3 期。

国亮、侯军岐，2011，《农业节水灌溉技术扩散过程中的影响因素分析》，《西安电子科技大学学报》（社会科学版）第 1 期。

国亮、邵砾群、惠荣荣，2013，《基于国外经验的农业节水灌溉技术推广措施分析》，《陕西农业科学》第 6 期。

韩洪云、杨增旭，2011，《农户测土配方施肥技术采纳行为研究——基于山东省枣庄市薛城区农户调研数据》，《中国农业科学》第 12 期。

韩菁，1995，《技术创新扩散的综合分析》，《科研管理》第 1 期。

韩军辉、李艳军，2005，《农户获知种子信息主渠道以及采用行为分析——以湖北省谷城县为例》，《农业技术经济》第 1 期。

韩青，2005，《农户灌溉技术选择的激励机制——一种博弈视角的分析》，《农业技术经济》第 6 期。

韩青，2004，《农业节水灌溉技术应用的经济分析》，中国农业大学博士学位论文。

韩一军、李雪、付文阁，2015，《麦农采用农业节水技术的影响因素分析——基于北方干旱缺水地区的调查》，《南京农业大学学报》（社会科学版）第 4 期。

何翠香、晏冰，2015，《社会网络、融资渠道与家庭创业——基于中国家庭金融调查数据的研究》，《南方金融》第 11 期。

何可、张俊飚、丰军辉，2014，《自我雇佣型农村妇女的农业技术需求意愿及其影响因素分析——以农业废弃物基质产业技术为例》，《中国农村观察》第 4 期。

何学华、胡小波，2008，《贵州省苗族、布依族、白族公众获取科技信息渠道现状及对策思考》，《贵州民族研究》第 2 期。

侯建昀、霍学喜，2013，《交易成本与农户农产品销售渠道选择——来自 7 省 124 村苹果种植户的经验证据》，《山西财经大学学报》第 7 期。

胡枫、陈玉宇，2012，《社会网络与农户借贷行为——来自中国家庭动态跟踪调查（CFPS）的证据》，《金融研究》第 12 期。

胡海华，2016，《社会网络强弱关系对农业技术扩散的影响——从个体到系统的视角》，《华中农业大学学报》（社会科学版）第 5 期。

胡金焱、张博，2014，《社会网络、民间融资与家庭创业——基于中国城乡差异的实证分析》，《金融研究》第 10 期。

胡瑞法、李立秋、张真和、石尚柏，2006，《农户需求型技术推广机制示范研究》，《农业经济问题》第 11 期。

黄光国，1985，《人情与面子》，《经济社会体制比较》第 3 期。

黄光国，2010，《人情与面子：中国人的权利游戏》，中国人民大
　　学出版社。

黄季焜、李宁辉、陈春来，1999，《贸易自由化与中国农业：是
　　挑战还是机遇》，《农业经济问题》第 8 期。

黄武，2009，《农技推广视角下的农户技术需求透视——基于江
　　苏省种植业农户的实证分析》，《南京农业大学学报》（社会
　　科学版）第 2 期。

黄玉祥、韩文霆、周龙、刘文帅、刘军弟，2012，《农户节水灌
　　溉技术认知及其影响因素分析》，《农业工程学报》第 18 期。

简小鹰，2005，《"科技特派员"制度与农业技术服务市场的发
　　育》，《中国科技论坛》第 1 期。

简小鹰，2006，《农业技术推广体系以市场为导向的运行框架》，
　　《科学管理研究》第 3 期。

简小鹰、孙传范、李启民、陈国顺，2007，《贫困地区农民对农
　　业技术服务的需求分析》，《安徽农学通报》第 17 期。

焦源、赵玉姝、高强，2014，《需求导向型农技推广机制研究文
　　献综述》，《中国海洋大学学报》（社会科学版）第 1 期。

鞠洪云、李红艳、储雪林，2004，《发掘社会资本促进技术创新
　　扩散》，《科研管理》第 12 期。

孔祥智、楼栋，2012，《农业技术推广的国际比较、时态举证与
　　中国对策》，《改革》第 1 期。

邝小军、应若平、旷浩源，2013，《乡村农业技术扩散中社会资
　　本效用的个案分析——以浏阳市马家湾村养猪业为例》，《湖
　　南农业大学学报》（社会科学版）第 4 期。

旷浩源，2014，《农村社会网络与农业技术扩散的关系研究——
　　以 G 乡养猪技术扩散为例》，《科学学研究》第 10 期。

旷浩源，2014，《农业技术扩散中信息资源获取模式研究——基

于社会网络视角》，《情报杂志》第 7 期。

旷宗仁、梁植睿、左停，2011，《我国农业科技推广服务过程与
机制分析》，《科技进步与对策》第 21 期。

李波、张俊飚、张亚杰，2010，《贫困农户农业科技需求意愿及
影响因素实证研究》，《中国科技论坛》第 5 期。

李丰，2015，《稻农节水灌溉技术采用行为分析——以干湿交替
灌溉技术（AWD）为例》，《农业技术经济》第 11 期。

李红艳、储雪林、常宝，2004，《社会资本与企业创新的扩散》，
《科学学研究》第 3 期。

李后建，2012，《农户对循环农业技术采纳意愿的影响因素实证
分析》，《中国农村观察》第 2 期。

李建军、刘平，2010，《农村专业合作组织发展》，中国农业大学
出版社。

李俊利、张俊飚，2011，《农户采用节水灌溉技术的影响因素分
析——来自河南省的实证调查》，《中国科技论坛》第 8 期。

李曼、陆迁、乔丹，2017，《技术认知、政府支持与农户节水灌
溉技术采用——基于张掖甘州区的调查研究》，《干旱区资源
与环境》第 12 期。

李猛、韩清芳、贾志宽，2007，《西北黄土高原农业节水战略探
讨》，《安徽农业科学》第 1 期。

李南田、王磊、阮刘青、王糯兴、鄂志国，2004，《农业技术传
播模式分析》，《农业科技管理》第 1 期。

李南田、朱明芬，2000，《浅析农业技术推广中改变传统习惯的
传播学原理》第 6 期。

李荣，2012，《农村财政支出对农村居民消费结构的影响研究》，
湖南科技大学硕士学位论文。

李锐、朱喜，2007，《农户金融抑制及其福利损失的计量分析》，
《经济研究》第 2 期。

李爽、陆铭、佐藤宏，2008，《权势的价值：党员身份与社会网络的回报在不同所有制企业是否不同?》，《世界经济文汇》第6期。

李想、穆月英，2013，《农户可持续生产技术采用的关联效应及影响因素——基于辽宁设施蔬菜种植户的实证分析》，《南京农业大学学报》（社会科学版）第4期。

李小建，2009，《农户地理论》，科技出版社。

李小丽、王绯，2011，《农户获取科技信息渠道及影响因素分析——以湘鄂渝黔边区为例》，《图书馆学研究》第17期。

李学婷、张俊飚、徐娟，2013，《影响农业技术推广机构运行的主要因素及改善方向的研究》，《科学管理研究》第8期。

李玉贝、陆迁、郭格，2017，《社会网络对农户节水灌溉技术采用的影响：同质性还是异质性?》，《农业现代化研究》第6期。

廖西元、王磊、王志刚、阮刘青、胡慧英、方福平、陈庆根，2006，《稻农采用节水技术影响因素的实证分析——自然因素和经济因素效应及其交互影响的估测》，《中国农村经济》第12期。

林毅夫、沈明高，1991，《我国农业科技投入选择的探析》，《农业经济问题》第7期。

林毅夫，2005，《制度，技术与中国农业发展》，上海三联书店。

林毅夫，2008，《中国的家庭责任制改革与杂交水稻的采用》，《制度，技术与中国农业发展》。

刘红梅、王克强、黄智俊，2006，《农户采用节水灌溉技术激励机制的研究》，《中国水利》第19期。

刘红梅、王克强、黄智俊，2008，《我国农户学习节水灌溉技术的实证研究——基于农户节水灌溉技术行为的实证分析》，《农业经济问题》第4期。

刘红梅、王克强、黄智俊，2008，《影响中国农户采用节水灌溉技术行为的因素分析》，《中国农村经济》第4期。

刘军第、霍学喜、黄玉祥、韩文霆，2012，《基于农户受偿意愿的节水灌溉补贴标准研究》，《农业技术经济》第 11 期。

刘天军、蔡起华，2013，《不同经营规模农户的生产技术效率分析——基于陕西省猕猴桃生产基地县 210 户农户的数据》，《中国农村经济》第 3 期。

刘晓敏、王慧军，2010，《黑龙港区农户采用农艺节水技术意愿影响因素的实证分析》，《农业技术经济》第 9 期。

刘笑明，2007，《农业技术创新扩散的影响因素及其改进》，《中国科技论坛》第 5 期。

刘宇、黄季焜、王金霞，2009，《影响农业节水技术采用的决定因素》，《节水灌溉》第 10 期。

刘玉花、张丽、王德海，2008，《农村市场信息失衡分析与对策分析——吉林省 Z 社区养殖市场信息传播状况调查及启示》，《农村经济》第 5 期。

陆建飞、葛家颖、金旭辉，2002，《沿海发达地区不同文化水平农民群体对农业技术的反应——对江苏省 15 县（市）286 位农民的调查分析及政策建议》，《中国农村经济》第 11 期。

陆文聪、余安，2011，《浙江省农户采用节水灌溉技术意愿及其影响因素》，《中国科技论坛》第 11 期。

陆文聪、余新平，2013，《中国农业科技进步与农民收入增长》，《浙江大学学报》（人文社会科学版）第 4 期。

马光荣、杨恩艳，2011，《社会网络、非正规金融与创业》，《经济研究》第 3 期。

马骥，2006，《农户粮食作物化肥施用量及其影响因素分析——以华北平原为例》，《农业技术经济》第 6 期。

马九杰、赵永华、徐雪高，2008，《农户传媒使用与信息获取渠道选择倾向研究》，《国际新闻界》第 2 期。

满明俊、李同昇、李树奎、李普峰，2010，《技术环境对西北传统农区农户采用新技术的影响分析——基于三种不同属性农业技术的调查研究》,《地理科学》第 1 期。

满明俊、李同昇,2010,《农户采用新技术的行为差异、决策依据、获取途径分析——基于陕西、甘肃、宁夏的调查》,《科技进步与对策》第 15 期。

满明俊、周民良、李同昇,2011,《技术推广主体多元化与农户采用新技术研究——基于陕、甘、宁的调查》,《科学管理研究》第 3 期。

满明俊、周民良、李同昇,2010,《农户采用不同属性技术行为的差异分析——基于陕西、甘肃、宁夏的调查》,《中国农村经济》第 2 期。

毛飞、孔祥智,2011,《农户销售信息获取行为分析》,《农村经济》第 12 期。

农业部农村经济研究中心课题组,2005,《我国农业技术推广体系调查与改革思路》,《中国农村经济》第 2 期。

乔丹、陆迁、徐涛,2016,《农村小型水利设施合作供给意愿影响因素分析——基于多群组结构方程模型》,《农村经济》第 3 期。

乔丹、陆迁、徐涛,2017,《社会网络、推广服务与农户节水灌溉技术采用——以甘肃省民勤县为例》,《资源科学》第 3 期。

乔丹、陆迁、徐涛,2017,《社会网络、信息获取与农户节水灌溉技术采用——以甘肃省民勤县为例》,《南京农业大学学报》(社会科学版)第 4 期。

乔丹、陆迁、徐涛、赵敏娟,2017,《信息渠道、学习能力与农户节水灌溉技术选择——基于民勤绿洲的调查研究》,《干旱区资源与环境》第 2 期。

秦建群、秦建国、吕忠伟,2011,《农户信贷渠道选择行为:中国农村的实证研究》,《财贸经济》第 9 期。

邵敏，2012，《出口贸易是否促进了我国劳动生产率的持续增长——基于工业企业微观数据的实证检验》，《数量经济技术经济研究》第 2 期。

申红芳、王志刚、王磊，2012，《基层农业技术推广人员的考核激励机制与其推广行为和推广绩效——基于全国 14 个省 42 个县的数据》，《中国农村观察》第 1 期。

苏岚岚、彭艳玲、孔荣，2017，《社会网络对农户创业绩效的影响研究——基于创业资源可得性的中介效应分析》，《财贸研究》第 9 期。

苏群、周春芳，2005，《农民工人力资本对外出打工收入影响研究——江苏省的实证分析》，《农村经济》第 7 期。

孙剑、黄宗煌，2009，《农户农业服务渠道选择行为与影响因素的实证研究》，《农业技术经济》第 1 期。

谭英、王德海、谢咏才，2004，《贫困地区农户信息获取渠道与倾向性研究——中西部地区不同类型农户媒介接触行为调查报告》，《农业技术经济》第 2 期。

陶建杰，2013，《新生代农民工信息获取障碍及影响因素研究——兼与老一代农民工的比较》，《人口与发展》第 4 期。

汪发元、刘在洲，2015，《新型农业经营主体背景下基层多元化农技推广体系构建》，《农村经济》第 9 期。

汪三贵、刘晓展，1996，《信息不完备条件下贫困农民接受新技术行为分析》，《农业经济问题》第 12 期。

王格玲、陆迁，2015，《社会网络影响农户技术采用倒 U 型关系的检验——以甘肃省民勤县节水灌溉技术采用为例》，《农业技术经济》第 10 期。

王格玲、陆迁，2016，《社会网络影响农户技术采用的路径研究——以民勤节水灌溉为例》，《华中科技大学学报》（社会科学版）第 5 期。

王浩、刘芳，2012，《农户对不同属性技术的需求及其影响因素分析——基于广东省油茶种植业的实证分析》，《中国农村观察》第 1 期。

王晶，2013，《农村市场的社会资本与农民家庭收入机制》，《社会学研究》第 3 期。

王静、霍学喜，2012，《果园精细管理技术的联立选择行为及其影响因素分析》，《南京农业大学学报》(社会科学版) 第 2 期。

王克强、刘红梅、黄智俊，2006，《节水灌溉设施技术创新激励的博弈分析》，《软科学》第 5 期。

王秀东、王永春，2008，《基于良种补贴政策的农户小麦新品种选择行为分析——以山东、河北、河南三省八县调查为例》，《中国农村经济》第 7 期。

王玄文、胡瑞法，2003，《农民对农业技术推广组织有偿服务需求分析——以棉花生产为例》，《中国农村经济》第 4 期。

王昱、赵廷红、李波、范兴业，2012，《西北内陆干旱地区农户采用节水灌溉技术意愿影响因素分析——以黑河中游地区为例》，《节水灌溉》第 11 期。

王志刚、王磊、阮刘青、廖西元，2007，《农户采用水稻轻简栽培技术的行为分析》，《农业技术经济》第 3 期。

韦志扬、程二平、甘立、李云祥、韦燕萍、邓世杰，2011，《农民对农业技术偏好与信息需求实证研究》，《西南农业学报》第 3 期。

韦志扬，2007，《我国农户技术采用行为研究概述》，《安徽农业科学》第 30 期。

卫龙宝、张菲，2013，《交易费用、农户认知及其契约选择——基于浙赣琼黔的调研》，《财贸研究》第 1 期。

卫明凤，2005，《农业技术创新扩散理论的发展综述》，《中国科技信息》第 16 期。

吴敬学、杨巍、张扬，2008，《中国农户的技术需求行为分析与政策建议》，《农业现代化研究》第 4 期。

吴炜，2016，《干中学：农民工人力资本获得路径及其对收入的影响》，《农业经济问题》第 9 期。

谢洪明、赵丽、程聪，2011，《网络密度、学习能力与技术创新的关系研究》，《科学学与科学技术管理》第 10 期。

徐涛、姚柳杨、乔丹、陆迁、颜俨、赵敏娟，2016，《节水灌溉技术社会生态效益评估——以石羊河下游民勤县为例》，《资源科学》第 10 期。

徐涛、赵敏娟、李二辉、乔丹，2018，《技术认知、补贴政策对农户不同节水技术采用阶段的影响分析》，《资源科学》第 4 期。

徐涛、赵敏娟、李二辉、乔丹、陆迁，2018，《规模化经营与农户"两型技术"持续采纳——以民勤县滴灌技术为例》，《干旱区资源与环境》第 2 期。

徐涛、赵敏娟、姚柳杨、乔丹，2016，《农业生产经营形式选择：规模、组织与效率——以西北旱区石羊河流域农户为例》，《农业技术经济》第 2 期。

许朗、黄莺，2012，《农业灌溉用水效率及其影响因素分析——基于安徽省蒙城县的实地调查》，《资源科学》第 1 期。

许朗、刘金金，2013，《农户节水灌溉技术选择行为的影响因素分析——基于山东省蒙阴县的调查数据》，《中国农村观察》第 6 期。

闫振宇、杨园园、陶建平，2011，《不同渠道防疫信息及其他因素对农户防疫行为影响分析》，《湖北农业科学》第 20 期。

杨汝岱、陈斌开、朱诗娥，2011，《基于社会网络视角的农户民间借贷需求行为研究》，《经济研究》第 11 期。

姚先国、俞玲，2006，《农民工职业分层与人力资本约束》，《浙江大学学报》（人文社会科学版）第 5 期。

叶敬忠，2004，《农民发展创新中的社会网络》，《农业经济问题》
　　第 9 期。

尹丽辉、谢国和、杨桂华，2003，《农业技术服务体系与农业产
　　业化》，《农业科技管理》第 1 期。

喻永红、张巨勇，2009，《农户采用水稻 IPM 技术的意愿及其影
　　响因素——基于湖北省的调查数据》，《中国农村经济》第
　　11 期。

曾明彬、周超文，2010，《社会网络理论在技术传播研究中的应
　　用》，《甘肃行政学院学报》第 6 期。

张兵、周彬，2006，《欠发达地区农户农业科技投入的支付意愿及
　　影响因素分析——基于江苏省灌南县农户的实证研究》，《农
　　业经济问题》第 1 期。

张博、胡金焱、范辰辰，2015，《社会网络、信息获取与家庭创业
　　收入——基于中国城乡差异视角的实证研究》，《经济评论》
　　第 2 期。

张贵兰、王健、王剑、赵华，2016，《农户信息渠道选择及其影响
　　因素的探索性研究——以河北省南宫市大寺王村村民为例》，
　　《现代情报》第 5 期。

张蕾、陈超、展进涛，2009，《农户农业技术信息的获取渠道与
　　需求状况分析——基于 13 个粮食主产省份 411 个县的抽样调
　　查》，《农业经济问题》第 11 期。

张明，2012，《"干中学"人力资本投资的经济学分析——员工传
　　统劳动供给时间的替代》，《经济论坛》第 7 期。

张能坤，2012，《农业推广服务模式及创新》，《农村经济》第 4 期。

张群，2012，《绿色技术扩散中的社会资本因素研究》，《科技管
　　理研究》第 14 期。

张爽、陆铭、章元，2007，《社会资本的作用随市场化进程减弱

还是加强？——来自中国农村贫困的实证研究》，《经济学（季刊）》第 2 期。

张晓山，2004，《促进以农产品生产专业户为主体的合作社的发展——以浙江省农民专业合作社的发展为例》，《中国农村经济》第 11 期。

章元、李锐、王后、陈亮，2008，《社会网络与工资水平——基于农民工样本的实证分析．》，《世界经济文汇》第 6 期。

章元、陆铭，2009，《社会网络是否有助于提高农民工的工资水平?》，《管理世界》第 3 期。

赵剑治、陆铭，2009，《关系对农村收入差距的贡献及其地区差异——一项基于回归的分解分析》，《经济学（季刊）》第 1 期。

赵瑞琴、马永清、李四胜，2011，《基于大众传播理论的农业信息传播供求分析——以河北省农村调研为例》，《安徽农业科学》第 15 期。

赵珊、季楠、张宜梅，2008，《博弈视角下的农户灌溉系统运行合作行为研究——山东省费县大田庄乡黄土村个案分析》，《农村经济》第 3 期。

郑继兴，2015，《不同情境社会网络对农业技术创新扩散绩效影响的比较研究——基于两个村屯整体社会网络分析》，《科技管理研究》第 2 期。

郑阳阳、罗建利、李佳，2017，《技术来源、社会嵌入与农业技术推广绩效——基于 8 家合作社的案例研究》，《中国科技论坛》第 8 期。

周红云，2005，《村级治理中的社会资本因素分析——对山东 C 县和湖北 G 市等地若干村落的实证研究》，清华大学博士学位论文。

周群力、陆铭，2009，《拜年与择校》，《世界经济文汇》第 6 期。

周玉玺、周霞、宋欣，2014，《影响农户农业节水技术采用水平差异的因素分析——基于山东省 17 市 333 个农户的问卷调查》，《干旱区资源与环境》第 3 期。

朱丽娟、向会娟，2011，《粮食生产区农户节水灌溉采用意愿分析》，《中国农业资源与区划》第 6 期。

朱萌、齐振宏、邬兰娅、李欣蕊、唐素云，2015，《新型农业经营主体农业技术需求影响因素的实证分析——以江苏省南部 395 户种稻大户为例》，《中国农村观察》第 1 期。

朱明芬、李南田，2001，《农户采用农业新技术的行为差异及对策研究》，《农业技术经济》第 2 期。

朱希刚，1999，《农技推广若干问题之我见》，《中国农技推广》第 3 期。

朱希刚，2002，《我国"九五"时期农业科技进步贡献率的测算》，《农业经济问题》第 5 期。

朱喜、史清华、李锐，2010，《转型时期农户的经营投资行为——以长三角 15 村跟踪观察农户为例》，《经济学（季刊）》第 2 期。

朱月季、高贵现、周德翼，2014，《基于主体建模的农户技术采纳行为的演化分析》，《中国农村经济》第 4 期。

朱月季、周德翼、游良志，2015，《非洲农户资源禀赋、内在感知对技术采纳的影响——基于埃塞俄比亚奥米亚州的农户调查》，《资源科学》第 8 期。

庄道元、卓翔之、黄海平、凌莉，2013，《农户小麦补贴品种选择行为的影响因素分析》，《西北农林科技大学学报》（社会科学版）第 3 期。

庄丽娟、张杰、齐文娥，2010，《广东农户技术选择行为及影响因素的实证分析——以广东省 445 户荔枝种植户的调查为例》，《科技管理研究》第 8 期。

庄天慧、余崇媛、刘人瑜，2013，《西南民族贫困地区农业技术推广现状及其影响因素研究——基于西南4省1739户农户的调查》，《科技进步与对策》第9期。

Abiola M. O. , Edeoghon C. O. 2014. Information Needs of Urban Poultry Producers in Owerri North Local Government Area of Imo State, Nigeria. *International Journal of Agriculture Innovations & Research*, 2 (6) : 882 – 886.

Ahuja U. R. , Jain R. , Chauhan S. , et al. 2015. Socio-economic Impact of Mobile Phone in Agriculture: A Case Study of Karnal District. *Computing for Sustainable Global Development (INDIACom)*, 2015 2nd International Conference on. IEEE, 1176 – 1179.

AI-Hassan R. , Jatoe J. B. D. 2002. "Adoption and Impoct of Improued Cereal Varieties in Chana". *Workshop on the Creen Revolution in Asia and its Transferability to Africa*.

Aker J. C. 2011. Dial "A" for Agriculture: A Review of Information and Communication Technologies for Agricultural Extension in Developing Countries. *Agricultural Economics*, 42 (6): 631 – 647.

Alcon F. , de Miguel M. D. , Burton M. 2011. Duration Analysis of Adoption of Drip Irrigation Technology in Southeastern Spain. *Technological Forecasting and Social Change*, 78 (6): 991 – 1001.

Ali A. L. S. , Altarawneh M. , Altahat E. 2012. Effectiveness of Agricultural Extension Activities. *American Journal of Agricultural & Biological Science*, 7 (2): 194 – 200.

Angelucci M. , De Giorgi G. , Rangel M. A. , et al. 2008. Insurance in the Extended Family. *Unpublished Manuscript*.

Arellanes P. , Lee D. R. 2003. The Determinants of Adoption of Sustainable Agriculture Technologies: Evidence from the Hillsides of Honduras.

Babu S. C. , Joshi P. K. , Glendenning C. J. , et al. 2013. The State of Agricultural Extension Reforms in India: Strategic Priorities and Policy Options. *Agricultural Economics Research Review*, 26 (2).

Baerenklau K. A. 2005. Toward an Understanding of Technology Adoption: Risk, Learning, and Neighborhood Effects. *Land Economics*, 81 (1): 1 – 19.

Baidu-Forson J. 1999. Factors Influencing Adoption of Land-enhancing Technology in the Sahel: Lessons from a Case Study in Niger. *Agricultural Economics*, 20 (3): 231 – 239.

Balmann A. 1997. Farm-based Modelling of Regional Structural Change: A Cellular Automata Approach. *European Review of Agricultural Economics*, 24 (1): 85 – 108.

Bandiera O. , Barankay I. , Rasul I. 2005. Social Preferences and the Response to Incentives: Evidence from Personnel Data. *The Quarterly Journal of Economics*, 120 (3): 917 – 962.

Bandiera O. , Rasul I. 2006. Social Networks and Technology Adoption in Northern Mozambique. *The Economic Journal*, 116 (514): 869 – 902.

Banerjee A. , Chandrasekhar A. G. , Duflo E. , et al. 2013. The Diffusion of Microfinance. *Science*, 341 (6144): 1236498.

Barham B. L. , Chavas J. , Fitz D. , et al. 2015. Risk, Learning, and Technology Adoption. *Agricultural Economics*, 46 (1): 11 – 24.

Barham B. L. , Foltz J. D. , Jackson-Smith D. , Moon S. 2004. The Dynamics of Agricultural Biotechnology Adoption: Lessons from Series rBST Use in Wisconsin, 1994 – 2001. *American Journal of Agricultural Economics*, 86 (1): 61 – 72.

Beal G. M. , Rogers E. M. 1960. "The Adoption of Two Farm Practices in a Central Lowa Community. " http://lib. dr. iastate. edu/specialreports/16.

Bell C. 1972. The Acquisition of Agricultural Technology: Its Determinants and Effects. *The Journal of Development Studies*, 9 (1): 123 – 159.

Belliveau M. A. , O'Reilly C. A. , Wade J. B. 1996. Social Capital at the Top: Effects of Social Similarity and Status on CEO Compensation. *Academy of Management Journal*, 39 (6): 1568 – 1593.

Bergman B. 2001. Nitrogen-fixing Cyanobacteria in Tropical Oceans, with Emphasis on the Western Indian Ocean. *South Africa Jounery. of Botany*, (67): 426 –432.

Besley T. , Case A. 1993. Modeling Technology Adoption in Developing Countries. *The American Economic Review*, 83 (2): 396 –402.

Bhati U. N. 1975. Use of High Yieldiy Varieties of Rice. *Developing Economics*, 13 (2): 181 – 207.

Boahene K. , Snijders T. A. B. , Folmer H. 1999. An Integrated Socio-econonic Analysis of Innovation Adoption: The Case of Hybrid Cocoa in Ghana. *Journal of Policy Modeling*, 21 (2): 167 – 184.

Bourdieu P. 1986. The Forms of Capital (English version) . *Handbook of Theory and Research for the Sociology of Education*, 241 – 258.

Brass D. J. , Burkhardt M. E. 1993. Potential Power and Power Use: An Investigation of Structure and Behavior. *Academy of Management Journal*, 36 (3): 441 –470.

Brennan D. 2007. Policy Interventions to Promote the Adoption of Water Saving Sprinkler Systems: the Case of Lettuce on the Gnangara Mound. *Australian Journal of Agricultural and Resource Economics*, 51 (3): 323 – 341.

Brocke K. V. , Trouche G. , Weltzien E. , et al. 2010. Participatory Variety Development for Sorghum in Burkina Faso: Farmers' Selection and Farmers' Criteria. *Field Crops Research*, 119 (1): 183 – 194.

Burt R. S. 2009. Structural Holes: The Social Structure of Competition. *Harvard University Press*.

Burt R. 1992. Structure Hole: The Social Structure of Competition. *Cambridge*, *MA*: *Harvard University Press*.

Carey J. M. , Zilberman D. 2002. A Model of Investment under Uncertainty: Modern Irrigation Technology and Emerging Markets in Water. *American Journal of Agricultural Economics*, 84 (1): 171 – 183.

Coleman J. S. 1990. Commentary: Social Institutions and Social Theory. *American Sociological Review*, 55 (3): 333 – 339.

Coleman J. S. 1988. Social Capital in the Creation of Human Capital. *American Journal of Sociology*, 94: S95 – S120.

Conley T. G. , Udry C. R. 2010. Learning About a New Technology: Pineapple in Ghana. *American Economic Review*, 100 (1): 35 – 69.

Dadi L. , Burton M. , Ozanne A. 2004. Duration Analysis of Technological Adoption in Ethiopian Agriculture. *Journal of Agricultural Economics*, 55 (3): 613 – 631.

Davis F. D. , Bagozzi R. P. , Warshaw P. R. 1989. User Acceptance of Computer Technology: a Comparison of Two Theoretical Models. *Management Science*, 35 (8): 982 – 1003.

D'Emden F. H. , Llewellyn R. S. , Burton M. P. 2006. Adoption of Conservation Tillage in Australian Cropping Regions: An Application of Duration Analysis. *Technological Forecasting and Social Change*, 73 (6): 630 – 647.

Dimara E. , Skuras D. 2003. Adoption of Agricultural Innovations as A Two-stage Partial Observability Process. *Agricultural Economics*, 28 (3): 187 – 196.

Dinar A. , Karagiannis G. , Tzouvelekas V. 2007. Evaluating the Impact of Agricultural Extension on Farms' Performance in Crete: A Nonneutral Stochastic Frontier Approach. *Agricultural Economics*, 36 (2): 135 – 146.

Dolfin S. , Genicot G. 2010. What Do Networks Do? The Role of Networks on Migration and "Coyote" Use. *Review of Development Economics*, 14 (2): 343 – 359.

Doss C. R. 2006. Analyzing Technology Adoption Using Microstudies: Linitations, Challenges, and Opportunities for Improvement: *Aqricultwral Econonics*, 34 (3): 207 – 219.

Doss C. R. 2001. Designing Agricultural Technology for African Women Farmers: Lessons from 25 Years of Experience. *World Dlevelopment*, 29 (12): 2075 – 2092.

Duflo E. , Dupas P. , Kremer M. 2011. Peer Effects, Teacher Incentives, and the Impact of Tracking: Evidence from a Randomized Evaluation in Kenya. *American Economic Review*, 101 (5): 1739 – 1774.

Espinosa-Goded M. , Barreiro-Hurlé J. , Ruto E. 2010. What Do Farmers Want from Agri-environmental Scheme Design? A Choice Experiment Approach. *Journal of Agricultural Economics*, 61 (2): 259 – 273.

Fafchamps M. , Lund S. 2003. Risk-sharing Networks in Rural Philippines. *Journal of Development Economics*, *Elsevier*, 71 (2): 261 – 287.

Feder G. , Just R. E. , Zilberman D. 1985. Adoption of Agricultural Innovations in Developing Countries: A Survey. *Economic Development and Cultural Change*, 255 – 298.

Feder G. , Slade R. 1993. Institutional Reform in India: The Case of Agricultural Extension. T*he Economics of Rural Organizations*,

530 - 542.

Feder G. , Slade R. 1986. The Impact of Agricultural Extension: The Training and Visit System in India. *The World Bank Research Observer*, 1 (2): 139 - 161.

Fehr E. , Gächter S. 2000. Fairness and Retaliation: The Economics of Reciprocity. *Journal of Economic Perspectives*, 14 (3): 159 - 181.

Finger R. , Benni N. El. 2013. Farmers' Adoption of Extensive Wheat Production-Determinants and Implications. *Land Use Policy*, 30 (1): 206 - 213.

Foster A. D. , Rosenzweig M. R. 1995. Learning by Doing and Learning from Others: Human Capital and Technical Change in Agriculture. *Journal of Political Economy*, 103 (6): 1176 - 1209.

Freeman L. C. 1977. A Set of Measures of Centrality Based on Betweenness. *Sociometry*, 35 - 41.

Fukuyama F. 2003. Social Capital and Civil Society. *Foundations of Social Capital. Cheltenham: Edward Elgar Pub.*

Fukuyama F. 2000. Trust, Social Virtues and the Creation of Prosperity.

Genius M. , Koundouri P. , Nauges C. , et al. 2013. Information Transmission in Irrigation Technology Adoption and Diffusion: Social Learning, Extension Services, and Spatial Effects. *American Journal of Agricultural Economics*, 6 (1): 328 - 344.

Gervais J. P. , Lambert R. , Boutin-Dufresne F. 2001. On the Demand for Information Services: An Application to Lowbush Blueberry Producers in Eastern Canada. *Canadian Journal of Agricultural Economics/Revue Canadienne D'agroeconomie*, 49 (2): 217 - 232.

Ghadim A. K. A. , Pannell D. J. , Burton M. P. 2015. Risk, Uncertainty, and Learning in Adoption of a Crop Innovation. *Agricultural Economics*, 33 (1): 1 - 9.

Ghadim A. K. A. 2000. Risk, Uncertainty and Learning in Farmer Adoption of a Crop Innovation. *University of Western Australia.*

Glaeser E. L. , Kallal H. D. , Scheinkman J. A. , et al. 1992. Growth in Cities. *Journal of Political Economy*, (100): 1126 – 1152.

Glendenning C. J. , Babu S. , Asenso-Okyere K. 2010. Are Farmers Information Needs Being Met. *Review of Agricultural Extension in India.*

Glendinning A. , Mahapatra A. , Mitchell C. P. 2001. Modes of Communication and Effectiveness of Agroforestry Extension in Eastern India. *Human Ecology*, 29 (3): 283 – 305.

Goyal M. , Netessine, S. 2007. Strategic Technology Choice and Capacity Investment under Demand Uncertainty. *Management Science*, 53 (2): 192.

Granovetter M. 1985. Economic Action and Social Structure: The Problem of Embeddedness. *American Journal of Sociology*, (11): 481 – 510.

Granovetter M. 1995. Getting a Job: A Study of Contacts and Careers. *University of Chicago Press.*

Granovetter M. S. 1973. The Strength of Weak Ties. *American Journal of Sociology*, 78 (6): 1360 – 1380.

Griliches Z. 1957. Hybrid corn: An Exploration in the Economics of Technological Change. Econometrica, *Journal of the Econometric Society*, 501 – 522.

Grootaert C. 1999. Social Capital, Household Welfare, and Poverty in Indonesia.

Grootaert C. , Van Bastelaer T. 2002. Understanding and Measuring Social Capital.

Guo J. , Sha Z. , Ji L. , et al. 2015. Current Situation and Development of Technology Extension System for Suburban Agriculture: A Case Study of Hanjiang District of Yangzhou City. *Asian Agricultural Research*, 7 (3): 51.

Hagestrand T. 1967. Innovation as a Spatial Process.

Haile M. G. , Kalkuhl M. , Usman M. A. 2015. Market Information and Smallholder Farmer Price Expectations. *African Journal of Agricultural and Resource Economics Volume*, 10 (4): 297 – 311.

Harvey J. , Sykuta M. 2005. Property Right and Organizational Characteristics of Producer-owned Firms. *Annals of Public and Cooperative Economics*, 4: 545 – 580.

Jack, B. K. 2009. Barriers to the Adoption of Agricultural Technologies in Developing Countries. Draft white Paper for Agricultural Technology Adoption Initiative, *Center of Evaluation for Global Action at University of California, Berkeley.*

Jacobs, J. 1961. The Death and Life of Great American Cities. *New York: Random House.*

James C. 1990. Foundations of Social Theory. *Cambridge, MA: Belknap.*

Jarvis L. S. 1981. Predicting the Diffusion of Approved Pastures in Uruguay. *American Journal of Agricultural Economics* 63 (3): 495 – 502.

Jensen G. F. , White C. S, Galliher J. M. 1982. Ethnic Status and Adolescent Self-evaluations: An Extension of Research on Minority Self-esteem. *Social Problems*, 226 – 239.

Jiyawan R. , Jirli B. , Singh M. 2016. Farmers' View on Privatization of Agricultural Extension Services. *Indian Research Journal of Extension Education*, 9 (3): 63 – 67.

Kaiser T. , Rohner M. S. , Matzdorf B. , Kiesel J. 2010. Validation of Grassland Indicator Species Selected for Result-oriented Agri-environmental

Schemes. *Biodiversity and Conservation*, 19 (5): 1297 –1314.

Karlan D. , Mobius M. , Rosenblat T. , Szeidl A. 2009. Trust and Social Collateral. *The Quarterly Journal of Economics*, 124 (3): 1307 –1361.

Karlan D. , Morduch J. 2009. Access to Finance. *Handbook of Development Economics*, 5: 4704 –4784.

Karlan D. S. 2007. Social Connections and Group Banking. *The Economic Journal*, 117 (517).

Karuhanga M. , Kiptot E. , Kugonza J. , et al. 2013. The Effectiveness of the Volunteer Farmer-trainer Approach in Feed Technology Dissemination in the East African Dairy Development Project in Uganda. *East African Dairy Development Project Wkg. Paper. Nairobi.*

Khan M. Z. , Khalid N. , Khan M. A. 2006. Weeds Related Professional Competency of Agricultural Extension Agents in NWFP, Pakistan. *Pakistan Journal of Weed Science Research*, 12 (4): 331 –337.

Khanna M. 2001. Sequential Adoption of Site-specific Technologies and its Implications for nitrogen productivity: A Double Selectivity Model. *American Journal of Agricultural Econonics*, 83 (1): 35 – 51.

Kinnan C. , Townsend R. 2012. Kinship and Financial Networks, Formal Financial Access, and Risk Reduction. *The American Economic Review*, 102 (3): 289 –293.

Knowler D. , Bradshaw B. 2007. Farmers' Adoption of Conservation Agriculture: A review and Synthesis of Recent Research. *Food Policy*, 32 (1): 25 –48.

Koundouri P. , Nauges C. , Tzouvelekas V. 2006. Technology Adoption under Production Uncertainty: Theory and Application to Irrigation Technology. *American Journal of Agricultural Economics*, 88

(3): 657 – 670.

Krackhardt. 1992. *The Strength of Strong Ties*: *The Importance of Philos Inorganization*. Massachusetts: Harvard Business School Press.

Labarthe P. , Laurent C. 2013. Privatization of Agricultural Extension Services in the EU: Towards a Lack of Adequate Knowledge for Small-scale Farms? *Food Policy*, 38: 240 – 252.

Lee Y. , Kozar K. A. , Larsen K. R. T. 2003. The Technology Acceptance Model: Past, Present, and Future. *Communications of the Association for Information Systems*, 12 (1): 50.

Lindner R. K. 1980. *Farm Size and the Time Lag to Adoption of a Scale Neutral Innovation*. Mimeograghed Adelaide: University of Adelaide.

Lin N. , Ensel W. M. , Vaughn J. C. 1981. Social Resources and Strength of Ties: Structural Factors in Occupational Status Attainment. *American Sociological Review*, 46 (4): 393 – 405.

Lin N. 1999. Social Networks and Status Attainment. *Annual Review of Sociology*, 25 (1): 467 – 487.

Lin N. 1981. *Social Resources and Instrumental Action*. State University of New York, Department of Sociology.

Lin N. 1990. Social Resources and Social Mobility: A Structural Theory of Status Attainment. *Social Mobility and Social Structure*, 3: 247 – 261.

Liverpool L. S. O. , Winter-Nelson A. 2010. Poverty Status and the Impact of Formal Credit on Technology Use and Wellbeing among Ethiopian Smallholders. *World Development*, 38 (4): 541 – 554.

Marra M. , Pannell D. J. , Ghadim A. A. 2003. The Economics of Risk, Uncertainty and Learning in the Adoption of New Agricultural Technologies: Where Are We on the Learning Curve? *Agricultural*

Systems, 75 (2): 215 -234.

Marsden P. V. , Lin N. 1982. *Social Structure and Network Analysis*. Sage Publications, Inc.

Marsh S. P. , Pannell D. J. , Lindner R. K. 2004. Does Agricultural Extension Pay? *Agricultural Economics*, 30 (1): 17 -30.

Martinez J. C. 1972. *The Economics of Technological Change*: *The Case of Hybird Corn in Argentina*. Unpublished Ph. D. Thesis Lowa State University.

Mason R. 1963. The Use of Information Sources by Influentials in the Adoption Process. Public Opinion Quarterly, 455 -466.

Matzdorf B. , Lorenz J. 2010. How Cost-effective are Result-Oriented Agri-environmental Measures? —An Empirical Analysis in Germany. *Land Use Policy*, 27 (2): 535 -544.

Ma X. , Shi G. 2014. A Dynamic Adoption Model with Bayesian Learning: An Application to U. S. Soybean Farmers. *Agricultural Economics*, 46 (1): 25 -38.

McKenzie D. , Rapoport H. 2007. Network Effects and the Dynamics of Migration and Inequality: Theory and Evidence from Mexico. *Journal of Development Economics*, 84 (1): 1 -24.

Metchell J. C. 1969. *Social Network in Urban Situations*: *Analyses of Personal Relationships in Central African Towns*. Manchester University Press.

Mobarak A. M. , Rosenzweig M. R. 2013. Informal Risk Sharing, Index Insurance, and Risk Taking in Developing Countries. *American Economic Review*, 103 (3): 375 -80.

Mobarak A. M. , Rosenzweig M. R. 2012. Selling formal insurance to the informally insured.

Mogues T. , Carter M. R. 2005. Social Capital and the Reproduction of

Economic Inequality in Polarized Societies. *Journal of Economic Inequality*, 3 (3): 193 –219.

Mohapatra R. 2011. Farmers' Education and Profit Efficiency in Sugarcane Production: a Stochastic Frontier Profit Function Approach. *IUP Journal of Agricultural Economics*, 8 (2): 18.

Moore G. A. , Cavender M. , Eckhardt M. , et al. 1991. The Technology Adoption Life Cycle. *Crossing the Chasm.*

Moser C. M. , Barrett C. B. 2006. The Complex Dynamics of Smallholder Technology Adoption: the Case of SRI in Madagascar. *Agricultural Economics*, 35 (3): 373 –388.

Munshi K. , Rosenzweig M. 2006. Traditional Institutions Meet the Modern World: Caste, Gender, and Schooling Choice in A Globalizing Economy. *The American Economic Review*, 1225 – 1252.

Munshi K. 2004. Social Learning in A Heterogeneous Population: Technology Diffusion in the Indian Green Revolution. *Journal of Development Economics*, 73 (1): 185 –213.

Munshi K. 2011. Strength in Numbers: Networks as a Solution to Occupational Traps. *The Review of Economic Studies*, 78 (3): 1069 –1101.

Negatu W. , Parikh A. 1999. The Impact of Perception and Other Factors on the Adoption of Agricultural Technology in the Moret and Jiru Woreda (district) of Ethiopia. *Agricultural Economics*, 21 (2): 205 –216.

Nyambo B. , Ligate E. 2013. Smallholder Information Sources and Communication Pathways for Cashew Production and Marketing in Tanzania: An Ex-post Study in Tandahimba and Lindi rural Districts, Southern Tanzania. *The Journal of Agricultural Education and Extension*, 19 (1): 73 –92.

Osterburg B. , Techen A. K. 2011. Verifiability of Result Oriented Policy

Measures to Reduce N emissions from German Agriculture. *Nitrogen & Global Change*: *Key Findings Future Challenges*, edited by M. Sutton, *Conference proceedings*, *Edinburgh*, April 11 – 15.

Putnam R. D. 1993. The Prosperous Community. *The American Prospect*, 4 (13): 35 – 42.

Putnam R. 2001. Social Capital: Measurement and Consequences. *Canadian Journal of Policy Research*, 2 (1): 41 – 51.

Raedeke A. H. , Nilon C. H. , Rikoon J. S. 2001. Factors Affecting Landowner Participation in Ecosystem Management: A Case Study in South-central Missouri. *Wildlife Society Bulletin*, 195 – 206.

Ragasa C. , Berhane G. , Tadesse F. , Taffesse A. S. 2013. Gender Differences in Access to Extension Services and Agricultural Productivity. *The Journal of Agricultural Education and Extension*, 19 (5): 437 – 468.

Rahman S. 2003. Environmental Impacts of Modern Agricultural Technology Diffusion in Bangladesh: An Analysis of Farmers´ Perceptions and their Determinants. *Journal of environmental management*, 68 (2): 183 – 191.

Ramirez S. , Dwivedi P. , Ghilardi A. , Bailis R. 2014. Diffusion of Non-traditional Cookstoves across Western Honduras: A Social Network Analysis. *Energy Policy*, 66: 379 – 389.

Reagans R. , McEvily B. 2003. Network Structure and Knowledge Transfer: The Effects of Cohesion and Range. *Administrative Science Quarterly*, 48 (2): 240 – 267.

Reinhard S. , Lovell C. A. K, Thijssen G. 1999. Econometric Estimation of Technical and Environmental Efficiency: An Application to Dutch Dairy Farms. *American Journal of Agricultural Economics*, 81 (1): 44 – 60.

Rogers E. M. 1962. *Diffusion of Innovations.* New York: Free Press of Glencoe.

Rogers E. M. 2010. *Diffusion of Innovations.* Simon and Schuster.

Rogers E. M. 1995. Lessons for Guidelines from the Diffusion of Innovation. *Joint Commission Journal on Quality and Patient Safety*, 21 (7): 324 – 328.

Rogers E. M. , Shoemaker F. F. 1971. Communication of Innovations: A Cross-Cultural Approach. ERIC.

Rosenbaum P. R. , Rubin D. B. 1985. Constructing a Control Group Using Multivariate Matched Sampling Methods that Incorporate the Propensity Score. *The American Statistician*, 39 (1): 33 – 38.

Samphantharak K. , Townsend R. M. 2010. *Households as Corporate Firms: An Analysis of Household Finance Using Integrated Household Surveys and Corporate Financial Accounting.* Cambridge University Press.

Sattler C. , Nagel U. J. 2010. Factors Affecting Farmers' Acceptance of Conservation Measures—a Case Study from North-eastern Germany. *Land Use Policy*, 27 (1): 70 – 77.

Schuck E. C. , Frasier W. M. , Webb R. S. , Doctorman L. , Umberger W. 2005. Adoption of More Technically Efficient Irrigation Systems as a Drought Response. *Water Resources Development*, 21 (4): 651 – 662.

Shiferaw B. , Holden S. T. 1998. Resource Degradation and Adoption of Land Conservation Technologies in the Ethiopian Highlands: a Case Study in Andit Tid, North Shewa. *Agricultural Economics*, 18 (3): 233 – 247.

Simtowe F. , Zeller M. 2006. The Impact of Sccess to Credit on the Adoption of Hybrid Maize in Malawi: An Empirical Test of an Agricultural Household Model under Credit Market Failure.

Singh K. M. , Swanson B. E. 2006. Developing Market-driven Extension System in India.

Singh M. K. 2013. Constraints in the Utilization of Information and Communication Technology by Arable Extension Service in India. *Environment and Ecology*, 31 (3A): 1414 – 1418.

Sjakir, M. , Awang, A. H. , Manaf, A. A. , Hussain, M. Y. , Ramli, Z. 2015. Learning and Technology Adoption Impacts on Farmer's Productivity. *Mediterranean Journal of Social Sciences*, 6 (4S3), 126 – 135.

Spence W. R. 1994. Innovation, the Communication of Change in Ideas, Practice and Products. London, ua.

Spielman D. J. , Kelemwork D. , Alemu D. 2011. Seed, Fertilizer, and Agricultural Extension in Ethiopia. *Food and Agriculture in Ethiopia: Progress and Policy Challenges*, 84 – 122.

Ssemakula E. , Mutimba J. K. 2011. Effectiveness of the Farmer-to-Farmer Extension Model in Increasing Technology Uptake in Masaka and Tororo Districts of Uganda. *South African Journal of Agricultural Extension*, 39 (2): 30 – 46.

Thangata P. H. , Alavalapati J. R. R. 2003. Agroforestry Adoption in Southern Malawi: the Case of Mixed Intercropping of Gliricidia Sepium and Maize. *Agricultural Systems*, 78 (1): 57 – 71.

Udry C. , Conley T. 2001. Social Learning through Networks: The Adoption of New Agricultural Technologies in Ghana. *American Journal of Agricultural Economics*, 83 (3): 668 – 673.

Useche P. , Barham B. L. , Foltz J. D. 2009. Integrating Technology Traits and Producer Heterogeneity: A Mixed-multinomial Model of Genetically Modified Corn Adoption. *American Journal of Agricul-*

tural Economics, 91 (2): 444 – 461.

Venkatesh V. , Davis F. D. 2000. A Theoretical Extension of the Technology Acceptance Model: Four Longitudinal Field Studies. *Management Science*, 46 (2): 186 – 204.

Waddington H. , Snilstveit B. , White H. , et al. 2010. *The Impact of Agricultural Extension Services*. Washington, DC: International Initiative for Impact Evaluation.

Wang H. , Reardon T. 2008. Social Learning and Parameter Uncertainty in Irreversible Investment—Evidence from Greenhouse Adoption in Northern China. American Agricultural Economics Association (New Name 2008: Agricultural and Applied Economics Association), 104 – 120.

Watts D. J. , Strogatz S. H. 1998. Collective Dynamics of Small-world Networks. *Nature*, 393 (4): 440 – 442.

Woolcock M. 1998. Social Capital and Economic Development: Toward a Theoretical Synthesis and Policy Framework. *Theory and Society*, 27 (2): 151 – 208.

Wozniak G. D. 1993. Joint Information Acquisition and New Technology Adoption: Late Versus Early Adoption. *The Review of Economics and Statistics*, 438 – 445.

附 录 ◀

调查问卷

您好！我是西北农林科技大学的研究生，现进行关于节水灌溉技术采用情况的问卷调查，希望得到相关的信息，感谢您在百忙之中协助我们调查。该问卷仅作为内部资料使用，对外保密，不会损害您的任何利益。

编号：_____ 调查地点：甘肃省_____区（县）_____镇（乡）_____村_____社（队/组）

调查员：_____ 回答者：_____ 调查日期：_____年____月____日

一、个体信息及家庭特征

1. 您的性别是：1 男/0 女

2. 您的年龄是_____岁

3. 您的民族是：1 汉族/0 少数民族

4. 您上过_____年学

5. 您是户主吗？1 是/0 不是；若不是，户主_____岁，上

过_____年学

6. 您在村子中的职务：1 = 一般村民　2 = 队长或组长　3 = 村干部

7. 您的政治面貌是：1 = 群众　2 = 共青团员　3 = 中共党员 4 = 其他党派

8. 您的宗教信仰是：0 = 无宗教信仰　1 = 基督教　2 = 伊斯兰教　3 = 佛教　4 = 其他宗教

9. 您从事农业生产_____年，当前您是否务农？1 是/0 不是

10. 您的健康状况：1 = 常年生病　2 = 经常生病　3 = 一般 4 = 偶尔生病　5 = 从不生病

11. 家庭人口情况：您家有_____口人，男性劳动力_____人，女性劳动力_____人，抚养_____人，赡养_____人；其中务农人员有_____人，专职打工/上班_____人，兼业打工_____人，分别每年在外打工_____、____、____个月。

12. 您家是否有人担任村干部或是公务员：1 是/0 否，是否有人或亲戚在金融机构工作？1 是/0 否

13. 您家有重要决策时谁做主：1 = 男　2 = 女　3 = 共同商议

14. 家庭收入状况：2014 年您家总收入_____元，其中养殖收入：饲养牲畜（填名称：如牛）1 _____共_____头，卖出_____头，收入_____元；牲畜（填名称）2 _____共_____头，卖出_____头，收入_____元。

林业收入：_____面积_____亩，收入_____元；_____面积_____亩，收入_____元。

非农收入：自主经营收入_____元，专职打工/上班收入_____元，兼业打工收入_____元，干部工资_____元，其他收入_____元。

补贴收入：农业补贴_____元，水利补贴_____元，养老补贴_____元。

15. 2014 年您家总支出共_____元，农业支出_____元，教育支出_____元，医疗支出_____元，人情礼品支出_____元，每月电话费支出_____元。

16. 您所在村镇是否有提供信贷服务的金融网点？1 有/0 无

17. 您家距离乡政府_____里，您家距离最近的集市_____里，您家距离最近的车站_____里，您家距离最近的河流_____里，您家距最近的农村信用社等金融机构_____里。

18. 您家在本地居住了_____年，有没有打算去别的地方居住？1 有/0 无

19. 您家住房建造于_____年，住房主体结构为：1＝泥草房　2＝土坯房　3＝夯土房　4＝砖瓦房　5＝钢筋混凝土结构房，建造成本_____元；除房屋以外的固定资产有：农用机器、机械，其价值是：_____元；其他（注明）_____其价值是：_____元。

20. 您家是否参加了农业专业合作社？1 是/0 否

21. 您家是否加入了用水者协会？1＝是　2＝本村有，没加入，原因_____　3＝本村没有

二、农业生产和灌溉情况

22. 您家耕地的主要地形：平地占_____亩，山地占_____亩

23. 您家共有_____块地，最大一块有_____亩，最小的一块有_____亩，最远的一块离您家有_____里，最近的一块离您家有_____里，平均有_____里

24. 您家实际种植面积_____亩＝承包集体耕地面积_____亩＋转入面积_____亩（租金_____元）－转出面积_____亩（_____元）＋开荒面积_____亩－撂荒面积_____亩

25. 2014 年种植作物投入产出情况（作物编号：1. 玉米2. 制种玉米　3. 小麦　4. 棉花　5. 水稻　6. 马铃薯　7. 辣椒8. 番茄）

作物名称						
播种面积（亩）						
节水面积（亩）						
产量（亩产//总产）	//	//	//	//	//	//
售出单价（元/斤）						
出售（斤//金额）	//	//	//	//	//	//
自留（斤）						
种子价格（元/袋）						
种苗（单价//金额）	//	//	//	//	//	//
种苗用量（袋//斤）	//	//	//	//	//	//
农家肥（车//金额）	//	//	//	//	//	//
化肥（金额）						
氮肥						
磷肥						
钾肥						
二胺						
其他						
农药（元）						
劳动力（人·时间）						
雇工费用（元）						
河水灌溉次数						
河水灌溉水费						
井水灌溉次数（漫/节）	//	//	//	//	//	//
井水灌溉水费（漫/节）	//	//	//	//	//	//
电费（元）						
机械租赁（元）						
地膜（斤//总费用）	//	//	//	//	//	//
节水设备（元）	____年购买____花费____元；____年购买____花费____元					
自家农机（元）	____年购买____花费____元；____年购买____花费____元					

26. 2014 年您家是否有大棚种植? 1 是/0 否; 如果有:

作物	个数	占地面积	实际种植面积	建造时间	建造总成本	维护成本	其他总成本	政府补贴

27. 您所在村农业用水管理政策是: 1 = 定额管理, 超额高水价 2 = 没有定额, 水价都一样 3 = 其他_____

28. 您所在村子水资源的配额标准是: 1 = 人 2 = 立方米/亩 3 = 升/ (人·天) 4 = 立方米 5 = 其他_____, 地表水价格为_____元/方, 地下水价格为_____元/方, 灌溉用水量_____, 其中地表水_____, 地下水_____, 您家每年还要购买_____高价水 (以上三个空填水量), 价格为_____元/方, 共_____元。

29. 除了抽取井水的电费和河水费外, 您家还缴纳了多少水费?

水费类型	灌溉面积	收费标准	合计
井灌管理费			
地下水资源费			
其他			

30. 您认为最合适的水费收取标准是: 1 = 用水量 2 = 灌溉面积 3 = 灌溉时间 4 = 其他

31. 您家灌溉水费的收取单位是? 1 = 灌区管理人 2 = 私人承包人员 3 = 村委会 4 = 用水者协会 5 = 其他_____

32. 如果水价上涨, 您会因为水价过高而如何调整种植方案? 1 = 不调整 2 = 减少灌溉次数 3 = 选择节水灌溉技术 4 = 增加节水作物种植 5 = 抛荒 6 = 将土地租给别人

三、水资源利用与节水技术采用情况

33. 根据农户的回答打分（1、2、3、4、5 代表程度越来越深）

	问题	1	2	3	4	5
稀缺性感知	您认为您所在村子水资源短缺吗？					
	您认为水价贵吗？					
	您所在村里的机井有没有越打越深？					
	您所在村子用水纠纷多吗？					
	您认为灌溉用水是否方便？					
技术认知	您对节水灌溉方面的事情了解吗？					
	您认为节水灌溉技术对保障粮食生产重要吗？					
	您认为您家实施采用节水灌溉技术方便吗？					
	您认为与传统灌溉方式相比，节水灌溉技术的效果有没有更好吗？					
不确定性	您认为现在的节水灌溉技术好不好用？					
	您认为节水灌溉技术增产效果好不好？					
	你家农产品近五年来经历过卖不出去的情况吗？					
	您家用节水灌溉的作物价格波动大吗？					
	近五年来您家遭受的旱灾频繁吗？					
	近五年来您家由旱灾带来的损失大吗？					

34. 您认为当前最有效的节水模式是什么？1 = 工程节水，依靠管灌、滴灌等节水设备　2 = 农艺节水（如地膜覆盖、抗旱保水剂）　3 = 生物节水（种植节水或抗旱作物）　4 = 外出务工　5 = 土地流转　6 = 其他_____

35. 您家地里是否有节水设施？1 是/0 否，若是，总投资_____元，其中是由 1 = 政府_____元　2 = 村委会_____元　3 = 农业合作社_____元　4 = 高校、科研机构_____元　5 = 其他_____元。

36. 您是否愿意采用节水灌溉技术？1 = 非常不愿意　2 = 不愿意　3 = 一般　4 = 愿意　5 = 非常愿意

若不愿意，原因是 1 = 麻烦　2 = 地块不适用　3 = 效果差　4 = 后期无力投资　5 = 其他_____

若愿意，您最愿意采用哪种节水灌溉技术？1 = 膜下滴灌　2 = 喷灌　3 = 微喷灌　4 = 低压管灌　5 = 渠道防渗技术　6 = 温室滴灌　7 = 膜上灌　8 = 渗灌技术　9 = 其他_____

37. 如果让您采用节水灌溉技术，您愿意投入_____元，您认为节水灌溉技术的投资应该由自己承担_____％，由政府承担_____％，由用水者协会承担_____％。

若采用过，

38. 您家是否使用过节水灌溉技术？1 是／0 否，（根据第 36 题编号填写）

技术 1：_____技术，第一次听说是在_____年，首次使用是在_____年，您当时采用了_____亩耕地，当时本村有_____人采用，其中您的邻居及亲朋好友有_____人，现在您采用了_____亩耕地（若现在不采用，_____年停止采用的），现在本村有_____人采用，其中您的邻居及亲朋好友有_____人。

技术 2：_____技术，第一次听说是在_____年，首次使用是在_____年，您当时采用了_____亩耕地，当时本村有_____人采用，其中您的邻居及亲朋好友有_____人，现在您采用了_____亩耕地（若现在不采用，_____年停止采用的），现在本村有_____人采用，其中您的邻居及亲朋好友有_____人。

39. 您家节水灌溉设施初始投资_____元，每年节水灌溉上要花费_____元。

40. 如果采用节水灌溉技术，是否有补贴吗？1 是，每年补贴_____元／0 否，您希望补贴_____元。

41. 您家节水灌溉设施的维护单位是（　　），1 = 灌区管理局

2 = 农户个人　3 = 村委会　4 = 用水者协会　5 = 不维护　6 = 其他_____；您家每年用于节水灌溉设施维护的费用为_____元。

42. 您家节水灌溉设施维修是否及时？1 = 很不及时　2 = 不及时　3 = 一般　4 = 很及时　5 = 非常及时

43. 农户对采用节水灌溉技术的感知（您在多大程度上同意下列说法，并选择相应的赋值：1 = 非常不同意　2 = 不同意　3 = 一般　4 = 同意　5 = 非常同意）

较传统技术作物产量提高了	较传统技术种植收入提高了	
节水灌溉技术能够节约水、土资源	节水灌溉技术所需劳动力减少	
节水灌溉技术采用后水费减少了	灌溉用水紧缺情况得到改善，用水纠纷明显减少	
我对采用节水灌溉技术的经历满意	采用节水灌溉技术效果比期望的更好	

若未采用过，

44. 您家没有采用节水灌溉技术的原因是 1 = 技术太复杂，学不会　2 = 第一次投资太大，自己无法投资建设　3 = 地块不适用　4 = 增产增收不明显　5 = 后期投资、维护成本高　6 = 其他_____

45. 您家未来是否打算采用节水灌溉技术？1 是/0 否

四、政府节水灌溉技术推广情况

46. 您是通过何种方式知道节水灌溉技术的？（可多选）_____
1 = 电视广播、书刊、网络等媒体　2 = 农机部门、科研单位、合作社、企业　3 = 商家推荐　4 = 熟人推荐、其他人选择　5 = 其他

47. 您获取有关节水灌溉技术的信息来源是（可多选）_____
1 = 亲戚　2 = 朋友　3 = 邻居　4 = 其他农户　5 = 农技推广人员　6 = 村干部　7 = 村板报　8 = 村广播　9 = 电视　10 = 书刊　11 = 报纸　12 = 手机　13 = 其他_____

48. 您家采用节水灌溉的原因是（可多选）_____ 1 = 农技推广人员推广 2 = 政府示范村 3 = 村里自发建设 4 = 农业合作社建议 5 = 高校、科研机构推广 6 = 别人采用了，我也跟着采用 7 = 企业推荐 8 = 经济效益好，自愿采用 9 = 农业生产成本低，自愿采用 10 = 其他_____

49. 您认为节水灌溉技术推广、普及的最大困难是什么？（可多选）_____

1 = 技术的适用性不强 2 = 采用的成本太高 3 = 农民难以掌握技术 4 = 采用技术之后收入没有明显提高 5 = 担心采用技术后遇到风险，无力承担 6 = 后期维护跟不上 7 = 其他_____

50. 最近的农技站离您家有_____里，您一年和农技人员能接触_____次。

51. 若是需要技术专家进行技术指导，您觉得哪种方式最好？（可多选）

1 = 事前进行技术宣传 2 = 有问题时打电话咨询 3 = 到乡、县农技站咨询 4 = 咨询村里农技员 5 = 找村里的种植大户或示范户 6 = 其他_____

52. 您所在村庄是否有推广节水灌溉技术？1 是/0 否，若是，推广的是哪种技术？_____

53. 您家是不是节水灌溉技术示范户？1 是/0 否

54. 您是否接受过节水灌溉技术的推广服务（讲解、咨询、培训、试验、示范、推广等）？1 是/0 否

若接受过，

55. 您接受过_____次？

56. 是谁来进行技术推广服务的：1 = 地方农技站 2 = 高校专家 3 = 合作社 4 = 农资站 5 = 农业企业 6 = 村委会 7 = 其他_____

57. 您家接受过哪种形式的节水灌溉推广服务？（可多选）

1 = 专家田间技术指导　2 = 专家集中培训　3 = 宣传资料　4 = 咨询服务　5 = 电视讲座　6 = 广播宣传　7 = 报纸期刊宣传　8 = 网络资料　9 = 手机信息　10 = 其他_____

58. 您觉得目前技术推广服务还存在什么问题？1 = 没有推广服务　2 = 推广服务次数太少　3 = 推广内容太单一　4 = 推广服务内容过于偏重理论　5 = 推广服务内容不具有连贯性　6 = 未提供针对性的咨询服务　7 = 指导后没有实践示范　8 = 其他_____

59. 您对节水灌溉技术推广服务的评价（1、2、3、4、5 代表程度越来越深）

问题	1	2	3	4	5
您认为政府农技部门提供的技术培训或技术信息多吗？					
您认为节水灌溉技术推广服务人员态度好不好？					
您认为节水灌溉技术推广服务人员的技术水平高吗？					
您认为农技人员推广的内容是否容易理解？					
您对节水灌溉技术的推广服务满意吗？					
您认为政府推广服务对您的帮助大吗？					
您和农技人员的联系方便吗？					
政府推广服务后您的技术水平得到提高了吗？					

若没有接受过，

60. 您未接受过节水灌溉技术推广服务的原因是？1 = 没有组织提供培训　2 = 费用高　3 = 培训没有多大效果　4 = 没时间　5 = 费事，嫌麻烦　6 = 其他_____

61. 什么情况下您会参加培训？1 = 培训是免费的　2 = 培训中有专家面对面指导　3 = 发放小礼品或补贴　4 = 提供田间示范　5 = 其他

五、农户节水灌溉技术学习情况

62. 如果决定采用节水灌溉技术时，谁的建议对您起到重要或关键的作用？_____（多选，并按重要性排序）1＝亲朋好友、邻居　2＝农业技术推广人员　3＝种植大户、示范户　4＝组长、队长或村干部　5＝高校专家　6＝电视、报纸、网络等媒体　7＝其他_____

63. 如果您家对使用节水灌溉技术存在问题或要做出调整，您会向谁请教？（可多选）_____

1＝自己解决　2＝亲朋好友、邻居　3＝种植大户、示范户　4＝组长、队长或村干部　5＝农业技术推广人员　6＝高校专家　7＝其他_____

64. 村里是否有示范户或用水者协会指导学习节水灌溉技术？1是/0否

65. 您邻居及亲朋好友中有很多采用节水灌溉技术的吗？

1＝非常少　2＝比较少　3＝一般　4＝比较多　5＝非常多

66. 农户学习行为

（1）您经常和别人交流节水灌溉技术使用心得吗？1＝从不　2＝偶尔　3＝一般　4＝经常　5＝频繁

（2）您经常向技术示范户请教节水灌溉问题吗？1＝从不　2＝偶尔　3＝一般　4＝经常　5＝频繁

（3）您会经常去技术示范户的田里参观吗？1＝从不　2＝偶尔　3＝一般　4＝经常　5＝频繁

（4）邻居提供的信息和指导有用吗？1＝根本没用　2＝几乎没用　3＝一般　4＝有点用　5＝很有用

67. 信息获得与学习能力（1＝完全不同意　2＝不同意　3＝一般　4＝同意　5＝完全同意）

（1）我家对外联系广，各种消息来源比较多_____

（2）我可以毫无困难地正确理解电视报纸传播的各种信息_____

（3）我经常出门，对外部情况了解较多_____

68. 您愿意继续使用节水灌溉技术吗？1＝很不愿意　2＝不愿意　3＝一般　4＝愿意　5＝很愿意

69. 您对节水技术采用会不会做出采用调整？1＝不调整　2＝轮作　3＝减少采用面积　4＝增加采用面积　5＝放弃使用；调整的依据是什么？1＝完全凭借自己的经验　2＝前期采用效果　3＝亲朋、邻居的建议　4＝跟从种植大户、示范户的行为　5＝村委会、政府要求　6＝推广人员的建议　7＝其他_____

六、信用社等金融机构贷款情况（2011 年以来）

70. 2011 年以来，您是否向信用社等金融机构申请过贷款？1 是/0 否

若没申请过：

71. 您没有申请的原因是？（选择最重要的一个原因）

1＝不需要借钱　2＝能通过其他途径借到钱　3＝利息太高，不划算　4＝没有抵押品、没人担保　5＝没有关系，即使申请了也贷不到款　6＝贷款额度太小，不能满足需要　7＝担心还不起或抵押的东西拿不回来　8＝离信用社太远，不方便　9＝手续太麻烦，附加条件多　10＝不清楚贷款流程　11＝其他_____

若申请过：

72. 申请后，您是否得到信用社等金融机构的贷款？1 是/0 否

73. 您期望的贷款金额是_____元，实际贷到的金额是_____元；

74. 您期望的贷款利率是_____%（年利/月利）；实际的贷款利率是_____%（年利/月利）

75. 您期望的贷款期限是_____（年/月）；实际的贷款期限是_____（年/月）

76. 您申请贷款所花费的成本与代价是_____元（请客、送礼和相关手续费、路费等）

77. 信贷部门是否要求您提供抵押品？1 是/0 否；若是，抵押品的名称是_____，价值是_____元，已经使用年限是_____年。

78. 从您申请贷款到获得贷款或被拒绝，您等待的时间有 _____（月/年）

79. 您对金融机构的服务感到：1 = 非常不满意　2 = 不太满意　3 = 一般　4 = 比较满意　5 = 非常满意

80. 您获得的贷款资金来源于：1 = 工行、中行、建行　2 = 农行　3 = 邮政银行　4 = 农村信用社　5 = 合作社、行业协会　6 = 小额贷款公司　7 = 私人钱庄　8 = 其他_____

81. 您是否跟亲戚朋友或周围的人借过钱？1 是/0 否；若是，您的借款金额是 _____元；为了获得借款，您所花费的成本是 _____元；借款的期限是_____（月/年）；借款的利率是_____（年利/月利）；等待的时间是_____（天/月/年）。

七、农户风险偏好

82. 根据自身情况给下列情况依次打分（1 = 绝不赞同　2 = 不赞同　3 = 中立　4 = 赞同　5 = 非常赞同）

问题		选择				
		1	2	3	4	5
风险认知	我对新技术的收益和成本了解					
	我认为新技术适用于本地					
风险承受态度	其他农户采用新方法或技术成功后我才采用					
	我对生产经营中新的技术或方法非常谨慎					
	我与获得利润相比更担心遭受损失					
	我愿意比别的农户承担更多风险					
	生产缺乏资金时我更愿意去银行贷款而不是通过找个人借钱等方法					
日常风险行为	我的存款愿意存入银行而不是用于理财或投资					
	我平时喜欢和别人打赌					
	我在晚上会小心翼翼地关好门窗					
	我愿意购买人身意外等保险					

八、社会网络

83. 您所在村里共有_____户，共_____人。您手机联系人有_____人，您经常来往的人有_____人，其中农民有_____人，教师有_____人，银行职员有_____人，政府职员有_____人，村干部有_____人，农技推广员有_____人。

84. 个人网络资源状况（请按照编号填写）：

1 = 农民　2 = 外出务工或经商　3 = 中小学教师　4 = 大学老师及科技人员　5 = 个体经营户　6 = 司机　7 = 会计　8 = 银行等金融机构工作人员　9 = 村干部　10 = 其他_____

（1）您亲人所从事的职业包括以上哪些？_____

（2）您亲戚、朋友所从事的职业包括以上哪些？_____

（3）您身边熟人所从事的职业包括以上哪些？_____

85. 根据农户的回答打分（1 = 从不/很少；2 = 偶尔/比较少；3 = 一般；4 = 经常/较多；5 = 频繁/很多）

	问题	1	2	3	4	5
频繁程度	您经常会到邻居家串门吗？					
	您家经常会有客人来访吗？					
	您家和其他村民一起解决日常问题吗？					
亲密程度	您家和亲戚朋友之间会经常彼此走动吗？					
	您经常与乡亲们一起玩乐（如打牌、打麻将、跳舞）吗？					
	您经常邀请朋友来家里做客吗？					
互惠程度	您家里农忙时大家愿意来帮忙吗？					
	您遇到困难时有很多人想办法帮您解决吗？					
	您能从周围人那儿获得有用信息（如婚姻、上学等）吗？					
信任程度	您觉得周围人都是真诚信守承诺的吗？					
	您愿意借东西给周围的人吗？					
	您对村里发布的政策信息相信吗？					

86. 您对本村的规章制度是否清楚？1 = 很不清楚　2 = 不清楚　3 = 一般　4 = 清楚　5 = 很清楚

87. 您认为本村的规章制度运行是否良好？1 = 很不好　2 = 不好　3 = 一般　4 = 良好　5 = 很好

88. 您认为本村的风气如何？1 = 很差　2 = 比较差　3 = 一般　4 = 比较好　5 = 很好

89. 本村村民间关系如何？1 = 很不融洽　2 = 不融洽　3 = 一般　4 = 比较融洽　5 = 很融洽

90. 您认为您所在村的信息传播的快吗？1 = 非常慢　2 = 比较慢　3 = 一般　4 = 比较快　5 = 非常快

调查结束，谢谢合作！

图书在版编目（CIP）数据

社会网络与农业技术推广：以农户节水灌溉技术采用为例 / 乔丹，陆迁著. -- 北京：社会科学文献出版社，2019.12

（中国"三农"问题前沿丛书）

ISBN 978 - 7 - 5201 - 5501 - 4

Ⅰ.①社… Ⅱ.①乔… ②陆… Ⅲ.①农业科技推广 – 研究 – 中国 Ⅳ.①S3 - 33

中国版本图书馆 CIP 数据核字（2019）第 192447 号

中国"三农"问题前沿丛书

社会网络与农业技术推广
—— 以 农 户 节 水 灌 溉 技 术 采 用 为 例

著　　者／乔　丹　陆　迁

出 版 人／谢寿光
责任编辑／任晓霞
文稿编辑／李吉环

出　　版／社会科学文献出版社·群学出版分社（010）59366453
　　　　　地址：北京市北三环中路甲 29 号院华龙大厦　邮编：100029
　　　　　网址：www. ssap. com. cn

发　　行／市场营销中心（010）59367081　59367083
印　　装／三河市尚艺印装有限公司

规　　格／开　本：787mm × 1092mm　1/16
　　　　　印　张：16.5　字　数：215 千字
版　　次／2019 年 12 月第 1 版　2019 年 12 月第 1 次印刷
书　　号／ISBN 978 - 7 - 5201 - 5501 - 4
定　　价／89.00 元

本书如有印装质量问题，请与读者服务中心（010 - 59367028）联系